放射性废物最小化丛书第7分册

核设施退役放射性废物最小化

安凯媛　刘志辉　鲍　芳　等编著
程　理　范　仲　审

中国原子能出版社

图书在版编目(CIP)数据

核设施退役放射性废物最小化/安凯媛等编著.—北京：
中国原子能出版社，2015.8
ISBN 978-7-5022-6803-9

Ⅰ.①核… Ⅱ.①安… Ⅲ.①核设施-退役-
放射性废物处理-研究 Ⅳ.①TL943

中国版本图书馆 CIP 数据核字(2015)第 184730 号

内 容 简 介

通过分析美国、英国、法国的生产堆和后处理设施退役的良好实践，结合我国某两厂的实际情况，阐述和提出生产堆、后处理设施退役过程中废物最小化方面的策略、原则、影响因素等，为我国核设施退役工程的顺利开展和废物最小化策略的实施提供支持。

本书可供项目管理人员、工程设计人员和厂矿企业的技术人员参考。

核设施退役放射性废物最小化

出版发行 中国原子能出版社(北京市海淀区阜成路 43 号 100048)
责任编辑 孙凤春
技术编辑 冯莲凤
责任印制 潘玉玲
印 刷 保定市中画美凯印刷有限公司
经 销 全国新华书店
开 本 787 mm×1092 mm 1/16
印 张 4 **字 数** 97 千字
版 次 2016 年 3 月第 1 版 2016 年 3 月第 1 次印刷
书 号 ISBN 978-7-5022-6803-9 **定 价** 19.00 元

网址：http://www.aep.com.cn **E-mail：atomep123@126.com**
发行电话：010-68452845
版权所有 侵权必究

"放射性废物最小化战略和顶层设计研究"总体组

组　长：潘自强
副组长：刘森林
成　员：（按姓氏笔画排列）
马成辉　边慧英　刘建桥　刘振河　刘振领
李　承　李忠镝　李俊杰　何文新　陈　凌
范　仲　费洪澄　黄来喜　程　理　鲍家斌
潘英杰

放射性废物最小化丛书编辑委员会

主　任：潘自强
副主任：刘森林
委　员：（按姓氏笔画排列）
马成辉　毛亚虹　毋　涛　边慧英　刘振河
刘振领　刘新河　孙东辉　李　承　李　夏
李忠镝　李俊杰　杨华庭　何文新　冷瑞平
陈　凌　范　仲　罗上庚　费洪澄　黄　慧
黄来喜　崔安熙　康玉峰　程　理

前　言

放射性废物最小化是放射性废物管理的基本原则之一。在《放射性污染防治法》中规定“第三十九条　核设施营运单位、核技术利用单位、铀（钍）矿和伴生放射性矿开发利用单位，应当合理选择和利用原材料，采用先进的生产工艺和设备，尽量减少放射性废物的产生量”。在《电离辐射防护与辐射源安全基本标准》(GB 18871—2002)中规定“8.5 注册者和许可证持有者应确保在现实可行的条件下，使其所负责实践和源所产生的放射性废物的活度与体积达到并保持最小”。这些法律和标准对放射性废物最小化提出了原则和要求。为了贯彻执行这一原则和要求，有必要进行深入的研究和分析。

核工业主管部门、监管部门和经营部门都很重视放射性废物最小化。它既涉及辐射安全、环境安全，也与经济效益直接相关。2009 年年初国家国防科技工业局下达了“放射性废物最小化战略和顶层设计研究”项目，这一计划同时得到了环境保护部（国家核安全局）以及中国核工业集团公司、中国广东核电集团有限公司、中国电力投资集团公司、中核清原环境技术工程有限责任公司的支持。项目负责单位是中国原子能科学研究院，子课题负责单位是中国核电工程有限公司、中国辐射防护研究院、中国核燃料有限公司、中核金源铀业有限公司和中国原子能科学研究院。参加单位包括广东大亚湾核电环保有限公司、中核清原环境技术工程有限公司、中核新能核工业工程有限责任公司、中核建中核燃料元件有限公司、中核北方核燃料元件有限公司、中核兰州铀浓缩公司、中核四〇四有限公司、中国核电工程有限公司郑州分公司、核工业第四研究设计有限公司、中核北方铀业有限公司、湖南核工业宏华机械有限公司、中核韶关锦原铀业有限公司、中核抚州金安铀业有限公司、核工业北京化工冶金研究院、新疆中核天山铀业有限公司、中核二七二铀业有限责任公司、中国核动力研究设计院和清华大学核能与新能源技术研究院。

课题的前期工作始于 2007 年，2009 年正式立项，2011 年年底完成。研究工作分 6 个专题：放射性废物最小化战略与政策总体研究、核燃料循环前段放射性废物最小化、核电厂放射性废物最小化、核燃料循环后段放射性废物最小化、核与辐射技术利用和研究堆放射性废物最小化以及放射性废物最小化实用专项技术研究。完成技术研究报告 13 份，废物最小化技术导则建议稿 11 份。为了让更多人了解放射性废物最小化，将其中的主要内容以放射性废物最小化丛书形式编辑出版。放射性废物最小化丛书包括：废物最小化研究总论，核电厂放射性废物最小化（第 1 分册），铀转化、浓缩、元件制造过程中放射性废物最小化（第 2 分册），铀矿冶放射性废物最小化（第3分册），核燃料后处理放射性废物最小化（第4分册），研究堆放射性废物最小化（第5分册），核与辐射技术利用放射性废物最小化（第6分册），核设施退役放射性废物最小化（第7分册），污染材料再循环再利用（第8分册）和放射性废物分拣（第9分册）。

书中可能存在一些不妥之处，敬请读者提出宝贵意见。

潘自强　刘森林

2013年

分册前言

放射性废物最小化是指从某个设备或活动的设计到最后退役的各个阶段，通过减少废物产生、再循环/再利用以及其他处理方法(综合考虑初始废物和二次废物的产生)，将放射性废物的量和活度降低到可合理达到尽量低的水平。

本书主要通过分析美国、英国、法国的生产堆和后处理设施退役的良好实践，结合我国某两厂的实际情况，阐述和提出生产堆、后处理设施退役过程中废物最小化方面的策略、原则、影响因素等，为我国核设施退役工程的顺利开展和废物最小化策略的实施提供支持。

本书共分 6 个章节，第 1 章为引言，包括放射性废物最小化的研究范围和研究目的。第 2 章为退役废物最小化的基本原则，包括基本原则、退役废物概述、退役废物最小化的主要方式及影响因素。第 3 章为退役废物最小化的监管要求与政策，本书着重归纳了美国、英国、法国和我国关于退役废物最小化的法律框架，具体有法律、法规、政策、标准及导则多个层次。第 4 章为生产堆的退役废物最小化。第 5 章为后处理设施的退役废物最小化。第 6 章为结论与建议。本书各部分的主要执笔人是：第 1 章，安凯媛、刘志辉；第 2 章，安凯媛、张涛革、刘志辉；第 3 章，张涛革、鲍芳、刘志辉、王永仙、王旭东；第 4 章，刘志辉、鲍芳、王永仙、张涛革；第 5 章，王旭东、鲍芳、刘志辉、安凯媛；第 6 章，刘志辉、鲍芳、安凯媛。

本书编写过程中，得到了中国工程院潘自强院士和中国原子能科学研究院刘森林研究员的精心指导。在此对大家的关注和付出表示衷心感谢。

核设施退役废物最小化涉及范围广，不同国家的诸多场址各有其独特性。本书编写过程中对一些领域的资料收集不全，有些资料来不及全面消化，加之作者知识有限，因此难免有不足、不当和谬误之处，敬请读者批评指正。

安凯媛　刘志辉　鲍　芳

2014 年 10 月

目　录

第1章 引 言

对于核设施来说，退役是继选址、设计、建造、试运行和运行之后生命循环的最终阶段。这是一个繁杂的过程，包括诸如去污、厂内设备和设施的拆卸、建/构筑物的拆除、退役物料的管理和放射性废物的处理/整备、贮存及处置。所有这些活动必须考虑操作人员和一般公众的健康和安全，以及环境问题[1]。据不完全统计，目前在全世界范围内，计划、正在实施和已经完成退役的核设施，已达到600座以上。

放射性废物最小化[1-2]是指从某个设备或活动的设计到最后退役的各个阶段，通过减少废物产生、再循环/再利用以及其他处理方法（综合考虑初始废物和二次废物的产生），将放射性废物的量和活度降低到可合理达到尽量低的水平。

本书主要通过分析生产堆和后处理设施退役的良好实践，结合我国某两厂的实际情况，阐述和提出生产堆、后处理设施退役过程中废物最小化方面的策略、原则、影响因素等。为我国核设施退役工程的顺利开展和废物最小化策略的实施提供支持。

本书为我国某核设施退役策略制定者、设计人员、实施人员及相关的管理部门等，提供有关生产堆和后处理设施退役过程中废物最小化的实例和相应的技术参考；通过分析几个核大国废物最小化的监管要求，管理策略和集体实践，对我国今后核设施的设计、运行以及退役期间废物最小化的实施提出建议。

第2章 退役废物最小化概述

2.1 废物最小化的基本原则

根据IAEA第401号技术报告[2]《核设施去污和退役中放射性废物最小化的方法》，废物最小化的目标是限制放射性污染的产生和扩散，及减少废物贮存和处置的体积，从而降低后续对环境的影响和废物管理有关的总费用。废物最小化策略的主要内容可分为四个方面：从源头减少，预防污染扩散，再循环与再利用和废物减容。

上述方面，确定了在规划和实施废物最小化大纲时应予考虑的四个基本原则。这些原则如下：

(1) 放射性废物的产生保持在实际可达到的最少量；

(2) 尽最大可能阻止放射性扩散，以减少由此产生的放射性废物；

(3) 从已有的和可能产生的废物流中，尽量实现有价值物料的再循环和再利用；

(4) 通过采用合适的处理技术，尽量减少放射性废物的体积。

2.1.1 源头控制

源头控制是指将放射性废物的产生保持在实际可达到的最少量。通过适当的设计措施、良好的运行控制和合理的退役过程，在核设施的整个生命周期内，将产生的放射性废物活度和体积两方面，控制在可达到的最少量。这些措施、控制和过程，包括选择合适的工艺；选择和控制用于建造和运行的物料；实现材料的再循环和再利用；以及实施合理有效的程序和规范。

2.1.2 污染预防

污染预防是指尽可能预防和阻止放射性污染的扩散，以减少由此产生的放射性废物。为了尽量减少去污工作量及二次废物的产生，既要采用科学合理的退役方法，又要避免把原本简单的退役作业复杂化。

2.1.3 再循环再利用

再循环再利用是指从已有的和可能产生的废物流中，尽量实现有价值物料在核设施内再次循环或者用于其他目的的再次利用。在废物最小化策略中，从退役产生的物料量来说，实现物料的再循环和再利用是非常重要的，并且从退役的最终目标即实现退役场址的有限制或无限制开放，也应当尽可能使物料实现解控或再循环/再利用。

2.1.4　废物减容

废物减容是指通过采用恰当的处理技术，尽量减少已产生的放射性废物的体积。可以采用的减容工艺包括压实、焚烧、过滤和蒸发。这些处理方法将延长现有处置场的运行寿命，在还没有处置设施的情况下可减少中间贮存的需求和废物运输量。

2.2　退役废物的来源

退役和去污操作既产生可以再循环/再利用的各种物料，也可能产生相当数量的建筑垃圾，也会产生不同水平的放射性废物。这些放射性废物应进行安全处置。

2.2.1　生产堆退役废物来源

生产堆，采用天然铀作燃料，主要用于生产军用钚。美国共建有 14 座生产堆，1964 年以后陆续关闭了 10 座生产堆。苏联到 1961 年共有 15 座生产堆。英国曾有 8 座气冷生产堆。法国有 3 座生产堆[3]。当前，对于动力堆和研究堆的退役研究与关注较多[1]，生产堆的退役由于涉及国防、军工，公开资料较少。

生产堆堆本体材料因中子活化而具有相当水平的放射性，这些材料一般都是钢、铝、钢筋混凝土、石墨等。一回路、水力输送系统、热铀元件贮存水池、排风净化等系统和设备会受到活化核素的污染。生产堆运行事故也会污染上述系统和设备。生产堆退役产生的放射性废物主要来自于这些系统和设备的退役过程。但总体来说，生产堆退役产生的大部分物料是非放射性的。

2.2.2　后处理厂退役废物来源

乏燃料后处理流程大多采用普雷克斯(Purex)两循环的流程，如法国的马库尔厂，铀线、钚线均为两个磷酸三丁酯(TBP)萃取循环；美国的汉福特厂，铀线是两循环，钚线是三个循环；美国的萨凡纳河厂，铀线是两循环加硅胶吸附，钚线是两循环加阴离子交换[4]。

乏燃料后处理工艺主要包括在水下或屏蔽热室中剥去包壳，或用溶解法去壳，然后溶解燃料芯块；用一系列溶剂萃取过程从溶解液中分别提取钚和回收铀；萃取后水相(含其他锕系元素、裂变产物和杂质)经蒸发浓缩后送高放废液贮槽中贮存；燃料包壳和其他固体废物送废物暂存库贮存，同时产生的中放和低放废液经适当处理后送相应的废液贮罐中贮存[1]。

在后处理工艺过程中[1]还涉及许多辅助厂房、系统和设备，如燃料接收设施、贮存水池、燃料去壳或剪切设备、化学处理用容器、槽罐和管道系统、蒸发器、冷凝器和液体贮槽、铀净化和钚净化厂房、固体物料的煅烧炉和粉末混合设备、气体的管道、过滤器和洗涤器、支持设施(如带屏蔽的管道、通风装置和实验室)、废物处理和整备厂房等。这些设备、系统和建/构筑物表面在正常运行和事故中都会受到放射性污染。后处理设施退役产生的放射性废物，主要就是来自于这些系统和设备的退役过程。

2.3 退役废物最小化的主要方式

2.3.1 预防和控制污染

最容易实现放射性废物最小化的办法[2]是尽量减少放射性产生和扩散的可能性。为达到这个目的，管理者的首要责任是，在运行和退役期间建立一个合适的策略，废物最小化是核设施整个生命周期中始终应考虑的一项任务。管理者应当制订有效的工作计划，包括合适的工作组织机构和选择适当的工具、仪器设备和材料，限制可能产生的交叉污染，设计最佳的工作时间表，以及尽可能减少二次废物的产生。

另外，可通过人员培训和采用行政控制、设立控制污染的气帐和封隔设施等主要途径，来达到减少废物产生的目的。比如在有可能存在气载污染的地方，如切割或研磨作业场所使用控制污染的气帐。气帐要配置可清洗的预过滤器和高效过滤器(HEPA)。在因切割管道而可能产生废液的地方，要铺设吸收垫，以尽量减少放射性废液的扩散。

2.3.2 有效利用

任何废物最小化策略的实现都是实践的优化过程[2]，需要考虑的因素包括工作人员的剂量、回收物料的费用、特殊污染物料的处置，以及物料的暂存费用等多个方面。所谓有效利用，就是指在核燃料循环内部实现物料的再循环，在核燃料循环外部实现物料的再利用。只要把有价值的金属等物料的放射性降低到可接受的水平即可。另外，废金属等物料还可通过熔炼[1-2]使得最终产品基质均匀，便于取样和满足解控要求。

2.3.3 合理去污

在退役过程中，有很多去污技术可以应用，但并不是所有的技术都可以使残余放射性能够达到满足解控要求的水平。为了开发和示范一般退役用的去污技术，特别是为了物料无条件解控，许多国家已经或正在进行许多的开创性工作[2]。

在退役和去污过程中，废物最小化策略要考虑诸多因素。其关键在于把处理/处置与再循环/再利用相比较，求得经济与环境之间的总体平衡。如果仅考虑当地的和短期的因素，所选方案可能会牺牲总费效比和长期安全性，其影响可能会扩展到设施以外的范围。

2.3.4 废物减容

如同在设施运行期间产生的放射性废物一样，退役产生的放射性废物也应按废物的类型、放射性核素的活度和废物贮存和/或处置的要求进行处理。

固体废物的处理通常包括：可燃废物的焚烧、可压废物的压实、废物解体等。废液减容除了固化法之外，常用的方法还包括过滤、絮凝、沉淀、离子交换和蒸发。但去污中使用的某些液体，如浓酸，可能需要特殊的处理工艺。对于留在离子交换介质、过滤器或浓缩器底液中的放射性残余物，需要通过水泥、沥青、玻璃、陶瓷或有机聚合物等进行固定和整备。

2.4　退役废物最小化的影响因素

核设施在退役和去污过程中产生的放射性或非放射性物料首先要考虑分类、解控、再循环和再利用，而非处置。核设施应当在设计、建造、运行的过程中，就考虑到未来退役要有利于去污和拆除工作的进行。例如在生产堆中使用低钴钢、合金或抗腐蚀合金；在运行过程中，应监测和控制液体和气体的化学成分等。

在实际操作过程中，影响核设施退役废物最小化的主要因素包括技术上的、经济上的、政策上的以及公众接受度几个方面。

2.4.1　技术因素

对于任何核设施的退役而言，用于设备和材料的拆除、切割、去污、测量和处理的技术，最好是已经得到过验证的技术。此外，技术上可行的退役和去污方法还应当不产生大量二次废物，也不应对工作人员、公众和环境带来潜在的不利影响。同时要考虑本国现有处置能力的限制。

至于是否采用再循环和再利用方案，很大程度上取决于物料特性、放射性污染类型和水平、性质和贮存时间、需去污和监测表面的可接近性以及物料对处理工艺的适应性等因素。若物料曾经暴露在热环境下，则可能加深放射性污染的渗透或可能造成污染长期浸出，这对处理技术提出了挑战。

另外，采用适当的测量方法和监测技术，来确定是否达到清洁解控水平物料的辐射和其他物理特性，对于制定再循环和再利用方案也很重要。其中需要考虑的方面有：

(1) 鉴定物料的类型和组成，确定其物理性能；

(2) 对比环境本底，了解物料中天然放射性核素活度浓度；

(3) 物料表面或内部的放射性分布情况；

(4) 对污染核素进行分类，确定是否存在困难；

(5) 满足一定的置信水平；

(6) 确定探测仪器和设备的性能水平。

2.4.2　经济因素

在退役和去污过程中，一般要通过代价一利益分析，来确定废物最小化在分类、解控、再循环和再利用方面的决策方案。在分析时应考虑以下方面：

(1) 物料在移除、源项调查、去污、熔炼、运输和许可过程中产生的费用；

(2) 物料再利用和替换材料之间的成本分析；

(3) 对废物管理方案进行评估，全面考虑废物处理、贮存和处置的成本；

(4) 考虑政府对于促进再循环和再利用行为的补贴力度和其他支持政策。

2.4.3　政策因素及公众接受程度

为了达到接受解控实践，并促进物料的再循环和再利用，必须由立法者、主管部门和公众通过持续对话，达成共识。对于缺乏促进再循环和再利用政策的国家，从业人员应把握时机对决策者提供建议。

如果核设施退役和去污所产生材料的处置方案能获得公众接受，将对该方案的顺利实施起着正面促进作用。废物最小化的实现，很大程度上取决于政府是否向公众公开信息，并让公众参与讨论和决策。

第3章　退役废物最小化的监管要求

3.1　美国

美国的法律体系包括：国家立法、联邦法律、行政命令、能源部(DOE)/环保署(EPA)/核管会(NRC)的法规和政策、各州的法规和政策及场址自身的规章制度等。与废物最小化相关的法律、法规主要有《资源保护回收法》、DOE 条例、行政法规，以及各场址的规章制度等。

3.1.1　法律

3.1.1.1　DOE 所属核设施退役依据的主要参照法律

(1) 1976 年《资源保护与回收法》(RCRA)及其在 1984 年的《危险和固体废物修正案》中要求，产生废物的第一责任单位必须制定废物最小化计划，并努力减少废物的体积和活度。政府鼓励企业获取和使用回收的物料；要求废物产生企业实施废物最小化计划；要求废物产生企业、核设施业主和运营商减少废物；增加废物管理的投入。

(2) 1980 年的《综合环境反应、赔偿与责任法》(CERCLA)，又称为《超级基金法》，要求产生废物的企业应努力减少废物产生量，以降低其对环境造成的影响。

3.1.1.2　其他与废物最小化相关的法律

(1) 1954 年的《原子能法》；

(2) 1986 年的《应急计划和社区知情权法》(EPCRA)，规定了危险、有毒有害化学品的使用、储存和运输所必需的手续和要求；

(3) 1990 年的《污染防治法》(PPA)，要求将污染防治作为环境管理的首要任务，规定有毒有害化学品排放清单报告中，必须包含减少源项和再循环的信息；

(4) 1990 年的《清洁空气法》(CAA)，规定了六种有害空气污染物的排放限值，要求新建企业必须服从严格的排放标准；

(5) 1992 年的《联邦设施协调法案》(FFCA)，要求每三年对全国范围内的所有混合废物的盘存量进行清查，包括对废物最小化活动的描述；

(6) 1992 年的《国家能源政策法》(EPACT)，要求 DOE 与其他联邦机构合作，以减少对能源的消耗和对环境的影响，同时要提高能源利用率及改进污染防治技术；

(7)《清洁水法》(CWA),要求工业企业必须制订计划,以减少产生的有害排放物的体积和毒性;

(8)《毒性物质控制法》(TSCA),使企业从法律上对 EPA 负责,并主动完成废物最小化任务;

(9)《税务改革法》(TRA)中提到,对于致力于研究和开发减少废物产生的工艺和技术,并不断增加这方面投资的企业,政府要有一定程度的免税政策或其他奖励。

3.1.2 法规

(1) 联邦法规(RCRA,10 CFR 835),要求建立放射性废物最小化的目标和执行指标,同时制定废物最小化计划;

(2) 1988 年,DOE 法规 5400.1,《一般环境保护规划》,要求建立废物最小化项目和废物最小化计划,并完成废物减少任务的年度报告;

(3) 1989 年,DOE 法规 5400.3,《危险和放射性混合废物规划》,规定 DOE 要执行 RCRA 所列出的危险和放射性废物最小化措施的政策,同时要求场址必须执行废物最小化项目;

(4) 1988 年,DOE 法规 435.1,《放射性废物管理》(替代 5820.2A),要求每个产生、处理、贮存或处置废物的场址,都要准备废物管理计划,包括了对于高放、超铀和低放废物分别制定的废物最小化管理要求;

(5) DOE 法规 450.1A,《环境保护规划》,要求建立新的污染防治和环境工作目标,以加强 DOE 法规 450.1、行政命令 13148 和 13101 中对污染防治和环境管理体系的相关规定。

3.1.3 政策

(1) 行政命令 12856(Federal Agency Compliance with Right-to-Know Laws and Pollution Prevention Requirements of 1993),要求联邦机构建立毒性化学物质至 1999 年减少 50%排放量的目标,并执行污染防治法的相关要求;

(2) 行政命令 12873(Federal Acquisition,Recycling and Waste Prevention of 1993),要求促进再循环和再利用过程中的废物减容工作,并促进固体物料的再循环、再利用;

(3) 1990 年的 DOE 的环境保护政策提到,通过从源头减少废物产生,及探索物料再循环技术,实现释放到环境中的有害残留物可以得到控制;

(4) 1994 年的 DOE 污染防治政策,规定了汉福特场址的废物最小化计划和污染防治计划。

3.1.4 标准及导则

(1) 1989 年 EPA 出版了《废物最小化评价手册》(EPA/625/7-88/003);

(2) 1992 年 EPA 出版了《设施污染防治导则》(EPA/600/R-92/088),以替代《废物最小化评价手册》。

3.1.5 其他

汉福特场址签署并遵循了“三方协议”(Tri-Party Agreement/ HFFACO)，这是由DOE、EPA和华盛顿州环保局，在CERCLA及其修正和授权法案的补救行动相关规定，RCRA关于处理、贮存、处置单元的法规和修正案等相关法规的约束下，在汉福特环境规章的许可范围内达成的一致性协议。该协议包括以下三个方面的内容：RCRA和CERCLA清理活动的具体内容、提供预算的基准、清理活动中重要事件的时间节点。

除此之外，汉福特遵循的政策还有，1994年发布的污染防治与废物最小化政策(WHC)和废物产生政策，二者分别规定了汉福特应承担制定有效的污染防治计划的义务，以及废物最小化要在废物产生之前进行预估算。

3.2 英国

3.2.1 法律

(1)《核设施法案》其中第32条规定，放射性废物的产生率及累积量应达到最小化要求，并且采取适当的贮存方式；

(2)《放射性物质法案》规定由主管环境保护的机构(即英格兰和威尔士的环境局及苏格兰的环保局)负责管理来自场址内的所有形式放射性废物的处置，同时，还要求废物处置单位采用“最可行的方式”，在最大程度上减小处置废物的数量，并在最大程度上降低放射性废物处置对公众和环境的影响。

3.2.2 政策

(1) 1994年的放射性废物管理政策最终结论回顾(Cm 2919)，明确提出了核工业应当避免放射性废物的产生，以及应使产生的废物尽量实现最小化；

(2) 1998年7月，OSPAR/Sintra协议，承诺利用最佳技术处理放射性废水，到2020年实现零排放。

3.2.3 导则和策略

(1) 苏格兰环保局(SEPA)的环境准则规定，每三年制定一份计划，要求英国核退役局(NDA)在核设施退役过程中尽量减少废物产生。在环境法准许的前提下，对管理良好的废物尽量实现再循环再利用。

(2) NDA的管理策略认为，从源头减小废物产生，比治理已经产生的废物更有意义。废物最小化是降低场址风险、减小对环境影响的重要基础，也是降低场址总运行成本的重要手段。NDA建议在退役过程中抓住可能实现废物最小化的一切机会，利用已有的经过实践验证过的所有方法，在比较分析、代价利益评价的基础上，实现废物最小化。因此，这意味着不同的场址、不同的设施、不同的具体情况，所对应的废物最小化方法也不尽相同。此外，NDA鼓励并愿意对场址的废物最小化进行投资，并且将由于废物最小化而节省下来的钱，再返还给场址，用于新一轮的废物最小化实施。这样可以留给场址很大的自主权，鼓励场址选择更高效的途径实现废物最小化,提升废物最小化的效率。

3.3 法国

3.3.1 法律法规

法国核设施的监管分为国防和民用两个部分。民用领域内的核设施则分为基础核设施(INB)与非基础核设施两类,核燃料循环设施属于前者之列。就 INB 的退役监管而言,所依据的法律、法规体系的基本组成[6-10]如下。

(1)《废物法》(French Waste Law),75-633,1975 年 7 月 15 日颁布,废物法是一部国家级的法律(上位法),其要求实行废物最小化。

(2) Act No. 2006-686 of 13 June 2006 on Transparency and Security in the Nuclear Field(简称 ASN Act)及 Decree 2007-1557 (2 November 2007)。随着 ASN Act 以及 Decree 2007-1557 (2 November 2007)的颁布,法国形成了退役监管的新格局。INB 的退役应事先得到核准(authorization),在申请文件中应包括关闭条件、退役程序、废物管理(含废物减量)程序以及监护等条款。与废物最小化相关的要求也见于 ASN Act 之第 21 款,即要求 INB 的持照方每年报告其所存放的放射性废物的特性及数量,以及减少废物体积及其对人类健康与环境、特别是土地和水体之影响的措施。

(3) The 2006 Programme Act on the Sustainable Management of Radioactive Materials and Waste (Act 2006-739 of 28 June 2006,简称 Waste Act)。它确立了放射性废物管理的三条主要原则,即废物降级与减量、暂存及处置,其中第 6 款第 2 条规定"缩减放射性废物的数量和毒性……"以实现废物最小化。

(4) Ministerial Order (7th February 2012)。其中明确了如何预防和减少 INB 运行所致污染和危害的一般性技术规定,包括废物管理分区。废物管理分区是法国特有的概念,一旦某一区域被认定为放射性废物区域,来自其中的一切废物都被视为放射性废物;这是因为该国法律不允许污染物料的解控。

3.3.2 标准与导则

(1) ASN's guide No. 6 (18 June 2010)。该导则解释了 TSN Act 及相关 Decree 中的审管程序,澄清了 INB 最终关闭和退役申请文件的内容(包括废物调查),明确了不同退役阶段的技术和审管要点。

(2) ASN's note SD3-EDF-01 (February 2004)、ASN's decision no. 2010-DC-0178 (16 March 2010),为 EDF 和 CEA 的退役活动确立了内部监管的要求和程序。

现今法国对于退役的审管重申了确保安全文件随时更新、且可用的必要性。在退役过程中设施状况不断发生更迭与变化,且不确定性很大,有时亦难以预计,因此对退役的审管又需要有一定的灵活性。于此,ASN 允许持照方对一些小的变更进行内部审管,并开具清单明确了哪些情况必须请示,以确保总体安全。也就是说,内部审管应是可检查的,透明的。内部审管的所有情形,持照方都应向 ASN 报告。ASN 还对持照方的内部审管体系进行了检查。

(3) ASN's guide No. 14 (26 June 2010)针对 INB 中建、构筑物，特别是混凝土建、构筑物内放射性污染的清除推荐了一套方法，其实质是放射性废物分区的变更。

当建、构筑物中的放射性污染被清除后，欲使原先的放射性废物分区降级为非放射性废物分区，应基于纵深防御的理念进行如下工作：首先，根据对设施运行史、污染特性等的了解，确定清除深度，并留有足够的安全余地；其次，确保污染清除后的建、构筑物必须满足的目标要求；最后，清除产生的废物应得到必要的管理。法国没有统一的建、构筑物清除水平，清除作业的目标值需要根据对残留污染的评价来定。在作业开始前 3 个月，清除的论证文件必须呈递 ASN，其中包括结构稳定性、防止污染扩散的措施、废物管理、监测等一切相关信息。这些要求详见 ASN's note SD3-DEM-02。当清除作业完成后，ASN 根据作业报告核准放射性废物分区的降级，该报告的内容涉及废物产生量、残留污染水平及其分布等，以证明清除目标已经实现。不过，ASN 并不要求一定要满足无限制使用的终态目标。

(4) ASN's methodology guide for the management of sites potentially contaminated by radioactive substances(2011)，则是要解决放射性环境污染整治所面临的不同问题。于此，ASN 强调除非万不得已、不考虑将污染物留在原地——这一方案仅可作临时对策，或当清理出的废物体积过于庞大等情形出现时才可考虑。

3.4　中国

3.4.1　法律

《放射性污染防治法》第三十九条中规定：核设施营运单位、核技术利用单位、铀(钍)矿和伴生放射性矿开发利用单位，应当合理选择和利用原材料，采用先进的生产工艺和设备，尽量减少放射性废物的产生量。该条款明确体现了放射性废物最小化的要求。

3.4.2　法规

《放射性废物安全管理条例》第一章总则第四条规定，放射性废物的安全管理，应当坚持减量化、无害化和妥善处置、永久安全的原则。

3.4.3　标准

(1)《放射性废物管理规定》(GB 14500—2002)的废物管理基本原则中明确规定，废物管理应遵循减少产生、分类收集、净化浓缩、减容固化、严格包装、安全运输、就地暂存、集中处置、控制排放、加强监测的方针。在"废物的控制中"规定，废物控制目标是减少废物产生量，方便管理，节省费用。在"基本原则"中对废物产生量提出控制，在选择生产工艺时，应通过代价—利益分析，采用合适的工艺和材料，使其产生的废物量少，并易于经济地处理。

(2)《核设施退役安全要求》(GB/T 19597—2004)第 7.2 条规定：在保障安全的前提下，经最优化分析、人员培训，通过优化拆卸解体技术、充分去污、控制交叉污染、废物分拣等现有技术和再循环、再利用、清洁解控等行政管理控制手段，使退役过程产生的放射性废物最小化。

(3)《反应堆退役环境管理技术规定》(GB/T 14588—2009)的放射性废物的处理、运输、贮存和处置的一般要求中规定:"应对生产堆退役中产生的固体废物尽可能进行减容处理。并应按 GB 9133 的规定对退役废物进行严格分类,分别处理与处置。"

3.5 小结

美国、英国和法国具有相对完善的废物最小化法律法规体系和有效的废物最小化管理机制。我国《放射性污染防治法》《放射性废物管理条例》《放射性废物安全管理规定》和《核设施退役安全要求》,以及相关的废物处理报告和国家标准,也都明确提出废物最小化的要求,而且在退役计划阶段也尽可能采取了相应的废物最小化策略和措施。但是,在实际退役实施过程中仍然存在着"边干边看"的倾向,各退役实施单位所制定的废物管理大纲对废物最小化的策略具体落实不足,缺乏对废物最小化策略、方法和措施的专门评估和核准方法,最缺乏的是废物最小化年度目标的制定和落实,以及对废物最小化策略和目标的考核。

第4章　生产堆退役废物最小化

大型反应堆的退役，一般采用延缓拆除策略。其程序通常是先卸出乏燃料，将乏燃料和可能存留的新燃料组件运走，接着处理燃料水池，运走放射源，卸出冷却剂，然后再对压力容器外围的设备进行去污、切割和拆除，最后封堵压力容器的进出口。还可能需要建立专门包容压力容器的建筑物，然后在监控之下封存若干年。

4.1　美国

4.1.1　退役概况

4.1.1.1　生产堆简介

汉福特场址(Hanford site)位于美国华盛顿州东南部的哥伦比亚河畔，它是一个占地586平方英里(约为1 450 km^2)的大型核场址。历史上，汉福特的管理机构依次为美国军事工兵团、原子能委员会(AEC)、能源研究与发展管理部和美国能源部(DOE)。目前，场址由DOE运营管理，是一个大部分已退役的军工钚生产基地。该场址建于1943年，为曼哈顿计划的一部分，1943—1989年间，汉福特的主要任务是为美国国防项目生产钚。后来，汉福特的任务拓展到核材料的其他应用，包括研究和技术开发。自20世纪90年代以来，汉福特的首要任务转为场址清理和环境恢复。

4.1.1.2　退役进展及现状

汉福特核限制区分为四个部分，即100号、200号、300号和1100号区域。100号位于华盛顿州里奇兰德市以北56 km处，占地67 km^2。1943—1963年期间，在此区域内沿哥伦比亚河南岸建造了9座水冷石墨慢化反应堆(B、D、F、H、DR、C、KW、KE和N)用于生产钚。1995年，第一个进行安全封存的是C堆，于1998年完成。随后在2003—2005年间，完成了DR、F、D、H堆的安全封存[11-12]。到2012年，除B堆外的8个生产堆完成了安全封存。

整个封闭过程包括：除了反应堆堆芯外厚达5英尺(1英尺＝0.304 8 m)的屏蔽墙以外，拆除其他所有反应堆构筑物；用防腐蚀材料密封堆芯；在剩余的堆芯构筑物上加盖设计寿命为75年的屋顶；安装远程监控设备。

生产堆的安全贮存活动由环境恢复承包商负责完成。这项工作包括拆除二级钢筋混凝土屏蔽墙以外所有的辅助设施和建筑物，封闭所有的孔洞，在反应堆设施上安装安全贮存围栏屋顶(SSE)，安装照明和监测系统。

4.1.2 退役策略

20 世纪 90 年代初，DOE，EPA 和华盛顿州环保部(ECY)共同制定了一项计划，目的是清除反应堆建筑物及其周边数以百计的辅助设施。1993 年，DOE 发布了一项关于生产堆退役的环境影响评价的决议(ROD)。决议确定的首选方案是，将生产堆安全封存 75 年，随后逐一清除堆芯。

封存的目的是，在显著减少对设施的监管和维护费用的前提下，建立一个安全、可靠、稳定的构筑物，以保护公众和环境免受潜在污染危害。同时，这样做可以为 DOE 管理层、政府和业主提供足够的时间，去研究决定最终处置方法，也使堆芯辐射水平逐渐衰变至易于管理的水平。

经密封处理的构筑物会更加安全，可降低放射性向环境释放的风险和概率。虽然，过渡性安全贮存(ISS)与简单监护(S&M)相比，初期成本偏高，但是由于大部分辅助设施已拆除，且反应堆体积减小，在最终的处置过程中费用会降低。这其中包括监督维护(S&M)的成本，即设施的常规放射性监测、安全监督、通风系统的周期性检查和测量、屋顶的检查和更换，以及局部结构的修补等。

1994 年，在 DOE 与审管机构、咨询单位和股东的共同协作下开始场址清理活动，并共同提出了清除策略和长期的清除计划。1996 年，清除策略中提出，一个过渡性质的安全贮存构思，可满足 ROD 规定的 75 年过渡性质安全贮存标准。

4.1.2.1 备选策略

1980 年，F 区退役项目的环境评估(EA)中提出 105-F 堆最终处置的四种策略，即保留待将来处理；监护贮存；就地处置和拆除后于汉福特场址 200 号区域埋藏。其中，首选策略是拆除后场址内处置。

DOE 提出的生产堆退役策略划定的范围为，堆本体、燃料贮存池及厂房等建构筑物，以及未来不再使用的反应堆和相关辅助设施。由于堆内存有堆照元件等可能受到低水平放射性污染，DOE 认为有必要对其进行退役和监管，从而尽可能减小未来对环境和公众的影响；同时，还应允许将来对最终处置方案进行更新。

1989 年，环境影响评价(EIS)草案提出：应对汉福特场址内的 8 个生产堆一并进行环境影响评价，分别为 B、D、F、H、DR、C、KW 和 KE 堆。当时，由于 N 堆处于备用状态，可能重新起用，如武器级钚生产或发电，因此，EIS 未将其纳入。

EIS 提出的五种退役策略为：策略一，不作为，即连续维护、监控 100 年后，另行处置；策略二，立即移走，即拆毁反应堆建筑物，移走堆本体，通过牵引运输车辆由 100 号运至 200 号区域的填埋场进行处置；策略三，安全封存后移走，即安全封存、维护、监控，拆毁反应堆建筑物，堆本体通过牵引运输车辆由 100 号运至 200 号区域的填埋场进行处置；策略四，安全封存后拆除，即安全封存、维护、监控 75 年后，拆毁反应堆建筑物，拆除堆芯，将放射性废物由 100 号运至 200 号区域南部的填埋场进行处置；策略五，就地处置，即拆毁反应堆建筑物，填充反应堆本体下面和四周的空间。堆本体、生物屏蔽体、乏燃料水池和放射性污染物料等用沙石掩埋，厚度不少于 5 m。

4.1.2.2 退役决策

1993 年，DOE 发布的关于汉福特生产堆退役环境影响评价的决议（ROD）表明，首选的方案是将生产堆安全封存后 75 年整体移走（即策略三），后将堆芯整体移至汉福特内的填埋场进行处置。

1996 年 12 月，DOE、EPA 和 ECY 共同协商了一个反应堆处置计划。协商确定分两个阶段的处置方法，第一阶段实行过渡性安全贮存（ISS），即安全封存；第二阶段完成堆本体的最终处置。

1997 年 8 月，三方协商确定了构建生产堆退役和处置进程表、中间节点等重要事项。其中，较重要的节点是，除 B 堆外，于 2012 年 12 月 31 日前，100 号区域内所有生产堆（包括 N 堆在内）要完成过渡性安全贮存（ISS，即第一阶段工作）。对于 B 堆，不仅仅是完成 ISS，还应降低风险指数，目标是要作为美国具有历史意义的场所，向公众开放，其最终处置方案待定。三方一致同意，在完成 B 堆安全封存后，延缓堆体的最终处置，即推迟第二阶段的节点。

(1) 安全封存

1996 年，开始 C 堆安全封存工作，依据 CERCLA 法案，除 KE、KW 生产堆外，其他生产堆均进行指导反应堆退役的文件准备工作。105-KE 和 105-KW 堆推迟到将其中乏燃料转运出乏燃料贮存水池后再进行清除工作。

1996 年 4 月，着手准备 105-C 堆建筑物的 ISS 的方案评价，具体包括：通过拆除乏燃料贮存水池及其周围的设施，建造安全封存围栏（SSE）等措施，以缩小反应堆建筑物的占地面积。SSE 包括将设施密封至屏蔽墙位置，并在残留构筑物上建造设计寿命为 75 年的顶棚。

(2) 安全封存的技术方案

反应堆封存的过程包括，使用重型机械将反应堆堆芯周围 5 英尺厚屏蔽墙以外的所有建筑物全部拆除，如燃料元件贮存厂房、泵房、水处理厂房、办公楼、仓库等。根据补救行动目标和清除标准，对建筑物的地下结构和污染土壤进行调查和评估，并拆除不满足要求的地基或地下结构。在反应堆建筑基础较浅的区域，对地面以下 4.6 m 以内的污染物进行清理、挖掘，使其污染水平低于华盛顿州规定的标准，以保护地下水和哥伦比亚河不受污染。

拆除堆芯周围所有的建筑物后，用耐腐蚀材料密封堆芯的开口或渗漏的位置，仅留一个供进入的通道。残留的屏蔽墙作为外墙，用于在剩余反应堆建筑物上的 SSE。设施内安装湿度计和热传感器，并远程控制。监控、电力、照明等设施安装在 SSE 外部的房间内。

反应堆安全封存过程中产生的废物，将送至汉福特环境恢复处置设施（ERDF）或 EPA 认可的场址以外的其他处置设施。超铀废物（TRU）暂存在汉福特废物贮存中心，然后转运出场址。满足接收标准的液体废物，送至汉福特废液处理设施进行处理。

(3) C 堆的封存

105-C 堆是场址第一个进行封闭的生产堆，也是 DOE 第一个进行封闭的生产堆。1998 年，在经历了两年多的时间并花费了 2 780 万美元后，完成了 C 堆的安全封存。该堆计划封存 75 年，之后，作为示范工程和退役拆除技术创新工程，将其经验、方法和技术用于汉福特场址的其他设施。

安全封存工作主要包括将占地面积约 5 574 m^2 的反应堆建筑物体积减小约 80%。大部分的拆除工作集中在反应堆厂房内部设备的拆除上，如 29 根垂直安全棒的升降等辅助设施。在拆除辅助设施并对堆芯外建筑物进行防渗透密封处理后，安装 3 个不锈钢高效过滤器，以过滤堆芯释放的放射性物质。共产生 181 m^3 石棉，285 t 低放废物，115 t 钢铁和铜，和 189 m^3 污染废水。

在拆除乏燃料水池、燃料检测设施、辅助设施和除堆芯外的反应堆建筑物后，开始进行构筑物内部设备的拆除。拆除完成后对堆芯进行封闭，并在其内部安装传感器和可视监视设备，便于封闭后每 5 年检查一次。在完成第一次内部情况检查后，安装高分辨率数码照相设备。可通过软件获取 360°内部情况的图片信息，以供将来的比对研究。

2003 年，工作人员进入 105-C 堆进行第一次间隔 5 年的检查，发现其与封存结束时状态几乎一样。这次检查证实，封存可以创造一个安全、可靠的环境状态，同时也减少了监督和维护的成本。由于这次检查，环境整治承包商正在考虑是否可以延长 5 年的检查期，以进一步缩减监护成本。

4.1.2.3 经验教训

通过借鉴 105-C 堆封存过程积累的经验，大大提高了承包商后续生产堆封存的工作效率，105-DR 生产堆的封存于 2002 年完成，成本节约近半。而后，在 F、D、DR 和 H 堆安全封存的过程中，极大地降低了成本并且节约了时间。

8 个生产堆安全封存的成本从 1 400 万美元到 3 100 万美元不等。这一差距主要体现在某些反应堆具有较多的辅助设施，如乏燃料贮存水池。在此之后的成本显著降低，主要得益于吸取先前生产堆封存的经验。费用的节省，主要是避免不必要的重复工作，减少了子承包商，保留经验丰富的工作组、作业队等。

汉福特生产堆安全封存项目为验证新技术提供了试验平台。使用一些成本较低的退役去污技术，加快了工程进度，同时减少了工人在放射性环境中暴露的时间。在源项调查、去污、解体、拆除、废物最小化和废物处置、工人的健康和安全等方面，使用了一些改进的技术并进行了鉴定和评估。这些使用过的技术列入了汉福特退役可用技术列表中，并且在 DOE 其他项目中得以应用。具体为：可控爆破拆除、远程回取系统、集成远程控制系统、就地目标计数系统、γ 相机、可设定轨迹的剪切工具、钻石线锯、拆除撞锤、拆除过程灰尘自动收集系统、Andros 机器人、长臂工具、石块破碎机、弧形锯、远程挖掘和解体机械。

4.1.2.4 最终处置方案

2012 年，8 个生产堆完成安全封存后，反应堆将保持安全封存状态 75 年直到最终处置。最终处置方案包括：整体移走和异地处置、堆芯解体拆除和堆芯就地处置。预计将于 2068 年，安全封存期即将结束时决定最终处置策略。推迟最终决策有利于 DOE 依靠未来的新信息和技术选择更适宜的处置策略。

(1) 堆芯整体移走和异地处置

整体移除包括拆除反应堆建筑物，运输反应堆本体、石墨堆芯、热屏蔽和生物屏蔽墙、混凝土基础等，通过牵引运输车由 100 号转移至 200 号的填埋场进行处置。反应堆周围的安全封存设施也要被移除。反应堆移除后，要对场址进行回填、分级、植被等，之后根据场地使用要求进行豁免。

(2) 堆芯解体拆除

反应堆解体包括将反应堆石墨堆芯逐个解体，将放射性废物和污染的设备、组件运至 200 号区域南部的填埋场进行处置。没有污染的材料或设备进行解控回收利用或在指定的垃圾填埋场进行处置。反应堆解体后，要对场址进行回填、分级、植被等，之后根据场地使用要求进行豁免。

(3) 堆芯就地处置

就地处置包括在堆本体上覆盖保护性的屏障并建造拱顶。设施内部污染用表面喷涂固定剂来固定污染物。用水泥浆或沙砾作为密封剂填充反应堆本体下面和四周的空间，以防止将来由于覆盖层的重压导致其下沉。顶棚和安全封存设施的上层建筑、混凝土屏蔽墙，则需要移除并降低至堆本体顶部的高度。最终，反应堆本体、四周的屏蔽墙、乏燃料贮存水池和放射性污染的水泥石块，用泥土和石块填埋至少在 5 m 深的地下。

4.1.3　退役废物最小化实践

4.1.3.1　废物最小化的策略

汉福特每个主要的设施都有其废物最小化计划。废物最小化计划主要涵盖了员工的教育和培训、物料的循环使用计划、预先计划和工艺废物评估等方面。每个设施的废物最小化计划中都要求建立各自的废物最小化委员会、ALARA 委员会和事故预防委员会，以促进 ALARA 和废物最小化理念的具体实施。各个设施取得的废物最小化的业绩由专门的质量小组负责检查和评估。除了对取得的废物最小化业绩进行表彰和鼓励外，还在场址范围内进行经验交流。

4.1.3.2　废物最小化的评价

废物最小化评价是废物最小化实践的第一步。对每项重点工程或作业进行废物最小化评价，才能首先确定其中可以实践废物最小化的机会。

废物最小化评价(PPOA)是一种系统的、试图寻找实践废物最小化机会的一种方法。PPOA 是通过某个特定的评价小组，对某工艺或设施中的废物流及其产生的顺序进行识别，具体分析其产生废物的工艺，然后找出废物最小化的途径。PPOA 活动包括建立评价组、收集废物产生活动的信息、集体讨论和提出建议等。PPOA 的目标是通过对某设施的工艺、运行程序和废物流的评价，找出最适当的改进方案，以尽可能减少废物的产生，或使产生的废物达到最小化。

1988 年 EPA 出版的《废物最小化评价手册》中提出，废物最小化可通过减少废物源项和废物再循环等途径实现。首先，尽可能从源头上控制废物的产生；其次，应尽可能地对已产生的废物进行再循环、再利用。该手册中提到的废物最小化途径主要是针对危险废物的。1992 年，《设施污染防治导则》替代了该手册。随着 1992 年 DOE 发布了国防规划的污染防治战略计划，将废物最小化规划变更为污染防治规划。该手册的目的是为 DOE 各场址提供废物最小化评价(即所谓的工艺废物评价)的指导。其中描述了一些会产生废物工艺，以及识别、减少乃至消除其中废物产生机会的若干途经。

废物最小化评价是一项通过利益/代价分析，主动的寻找废物产生活动中废物最小化机会的工作。废物最小化评价的目的是找寻、减少乃至消除废物产生的方法。首先，应回顾有关设施的运行和废物流产生等方面的情况，并选定具体的区域进行评价；其次，制定一系列废物最小化方案并进行筛选；然后，分别对选定方案的技术和经济可行性进行评估；最后，执行以上通过技术和经济可行性评估选定的废物最小化方案。

废物最小化评价已在美国汉福特等场址的核设施退役中得到广泛应用。汉福特场址拥有完整的废物最小化评价机制，废物最小化评价为退役过程中的废物最小化工作提供了有利的工具和方法，并取得了显著的成绩。

(1) 废物最小化评价指南

1994 年 8 月，WHC 发布了汉福特场址的废物最小化评价指南，其目的在于帮助汉福特场址的废物产生者，在废物最小化及其评价(PPOA)的过程中，找到确定废物流及其产生的顺序，设定评价年度目标、指导和实施评价，以及具体执行 PPOA 等方面的方法，从而有助于汉福特场址废物最小化评价计划的建立和执行。

1) 在实施 PPOA 之前，首先需要决定开始处理哪些废物。通过目录的形式将废物的信息集合在一起，并根据重要性确定其优先级。

2) PPOA 是一项有组织的、减少或消除优先级较高废物的活动，是识别和分析废物最小化的主要机制，并为发展和确定废物最小化方案的优先级提供基础。

3) 执行 PPOA 之后，接下来是跟踪报告，对于反馈 PPOA 项目的总体成功经验很有帮助。建立 PPOA 跟踪系统也可用于展示废物最小化的进展、业绩，以及 PPOA 的成功经验。

4) 由于汉福特场址的部分设施没有固定的生产工艺，因此评价指南中描述的普遍性方法不能适用于汉福特场址的所有设施。对于没有固定的废物流和复杂工艺的设施，不能应用 PPOA 进行评价。例如设计活动、退役去污活动、分析实验室活动等都需要根据实际情况分析其废物最小化的机会。

(2) 废物最小化评价的方法

汉福特场址的废物最小化评价方法包括，针对单个设施的废物最小化评价和整个场址的废物最小化评价。通过确定单个设施每年预期完成的 PPOA 数量，以便设定较为合理和定量化的废物最小化目标。通过汇总场址范围内所有设施的 PPOA 资料，执行整个场址的废物最小化评价，可从中找出产生废物量最大的源项，以便最大限度地减少废物总量。

(3) 废物最小化评价的工具

1) 指导文件：汉福特场址废物最小化评价指南为其培训工作提供了指导文件，该指导文件对于在 PPOA 过程中如何确定废物优先级，如何执行一项 PPOA，如何获得 PPOA 的结果，如何展示 PPOA 的进展和业绩等方面做了详细描述。

2) PPOA 工作表：汉福特场址废物最小化评价指南中提供了 7 个 PPOA 工作表。其中废物流信息、确定废物流和产生废物活动优先级的两个工作表须每年完成一次；评价小组及职责描述、主要活动流程图、废物最小化评价的描述、废物最小化机会总结等 5 个工作表，须在执行每项 PPOA 过程中完成。

3) 培训工作：汉福特场址特有的培训方式能够为参与培训的人员，选择切合实际的废物流和废物产生活动进行最小化的机会。

4) 跟踪系统数据库：对于已完成的 PPOA，将公布于汉福特场址的网站首页，以便跟踪和查询。

5）技术支持：相关工作人员被指派到各个产生废物的设施，为 PPOA 工作提供援助。

（4）废物最小化评价的业绩

汉福特场址的废物最小化评价，是在 DOE 指导文件、EPA 废物最小化评价手册、华盛顿州环境保护部门编制的污染防治计划指导手册等所确定的废物最小化原则指导下进行。在 PPOA 具体实施过程中，按照汉福特场址的废物最小化评价指南执行。

为了遵守和响应废物最小化法规，1991 年 WHC 编制了汉福特场址废物最小化和污染防治计划。本计划包含了 DOE 法规 5400.1（DOE 1988a）所要求执行的废物最小化计划，其中体现了废物最小化评价的内容。此计划的主要内容包括：废物最小化目标，组织机构及各成员的责任，废物最小化活动，场址范围分析，成本估算，废物最小化评价，废物最小化活动相关的培训和员工激励，以及质量保证、技术转移、计划评估等方面的内容。

1994 年汉福特场址为了响应 DOE 法规 5400.1 的要求，编制了废物产生和废物最小化计划进展的年度报告。报告中详细列出了汉福特场址的废物产生数据，介绍了场址废物最小化的业绩，并逐项列出了执行 PPOA 后各类废物的减少量和成本节省情况。

汉福特场址的废物最小化评价开始于 1994 年，并最终取得成功。自实施以来，已极大地帮助了汉福特场址的清理工作。在 1994—1996 年间，汉福特场址共完成 115 项 PPOA。执行一项 PPOA 的平均成本为 15 000 美元，一项 PPOA 每年平均节约成本 103 800 美元，一项 PPOA 的平均回收期小于 1 年。

4.1.3.3 废物的再循环再利用

（1）190-D 综合建筑物的拆除和回收：190-D 为工艺废水处理厂，通过源项调查发现，190-D 建筑物表面以及设施下面的混凝土地基结构中，同时存在化学污染和放射性污染。在建筑物拆除之前，用油漆将混凝土中的残留污染固定后，通过重型设备将其拆除。在建筑物拆除后，对地基中的污染混凝土进行切割后清除。在拆除过程中用鲜艳的油漆喷涂污染区域，可在固定污染的同时，方便地将污染混凝土分离。通过这一方法减少低放废物（LLW）体积达 79 m^3。

（2）105-C 反应堆管道的清除：在 105-C 反应堆安全贮存项目中，需要清除大约 141 m^3 的绝缘石棉管。源项调查显示，该石棉管需在环境恢复处置设施中进行处置。清除石棉的一般方法是建立帐篷，控制空气中的石棉粉尘。在遵循常规做法的同时，还采取了如下措施：每隔 3～4.5 m，在管道上安装石棉套包；在套包内清除石棉；管道切割后加盖封闭。通过采用这一方法，使低放废物体积最小化，避免了二次废物的产生，减少 LLW 体积达 212 m^3。

（3）石棉的热处理技术：可移动式的石棉转化系统（ACS），采用化学-热石棉矿物转化技术可将含石棉的材料（ACM）转化为不含石棉的材料，能够使管道保温材料减容 80%，使乙烯基石棉瓦（VAT）减容 40%，使石棉水泥板减容 10%。

4.2 英国

4.2.1 退役概况

英国的生产堆有温茨凯尔 1 号堆、2 号堆（Windscale Pile 1、2）、Calder Hall、

Chapelcross 等。其中,Windscale Pile 是英国最早的生产堆,建于“二战”后不久,两个堆分别于 1950 年和 1957 年开始运行,主要为英国核防卫计划生产钚。1957 年发生火灾后,两堆均永久性关闭。Windscale Pile 1 第一阶段的退役已经完成,第二阶段预计在 2020 年完成,全部拆除工作预计在 2046 年完成。Windscale Pile 2 的退役工作计划于 2060 年全部完成。

4.2.2 退役策略

(1) Windscale Pile 生产堆

Windscale Pile 自 1957 年发生火灾后,两堆均永久性关闭,一直处于监护封存状态。其退役策略均为延缓拆除。Windscale Pile 2 预计于 2044 年开始拆除,于 2060 年前后完成。

(2) Calder Hall 生产堆

Calder Hall 反应堆(1956—2003 年)的生产工作于 1995 年停止。所在场址的退役分为三个阶段:封存准备、监护封存、无限制开放,在准备期结束后只保留堆本体。

(3) Chapelcross 生产堆

Chapelcross 反应堆(1954—2004 年)同样采取延缓拆除的策略。退役阶段的划分与 Calder Hall 反应堆大致相同。

4.2.3 退役废物最小化实践

4.2.3.1 废物最小化的策略

针对 Windscale 场址[13],英国原子能管理局(UKAEA)的退役策略是确保场址安全。因此,要求场址应降低退役项目的实施风险,若存在少量需要长期保留的设施,应有其合理性和正当性。

鉴于此,Windscale 场址采取延缓拆除策略,对于反应堆生物屏蔽体及相关构筑物的拆除,拟延缓至 2040 年前后,通过辐射水平衰减,以达到降低作业人员剂量率、减小风险、实现 ILW 废物产生量最小化的目的。

(1) Windscale Pile 1

因火灾原因,Windscale Pile 1 优先开始退役。为了加强 Windscale Pile 1 的安全性,场址做了大量工作,如安装火灾探测器、维修通风和清理排水管等。

Windscale Pile 1 第一阶段退役分两步实施:第一步,清除管线、提高安全性,现已完成;第二步,移走火灾损毁堆芯部件、燃料及剩余石墨等,即为促进第三阶段退役实施前期准备工作。1997 年,开始第二步退役的设计工作,由于困难重重,导致第二步退役周期延长,预期完成时间为 2020 年前后。

延缓拆除 Windscale Pile 1 的生物屏蔽体,可因辐射水平衰减,降低作业人员剂量率,减少 ILW 产生量。第二步工作完成后,堆本体将处于安全封存状态,最后的拆除工作预计于 2042 年开始,2046 年完成。安全封存期间,将对生物屏蔽体实施监护,以保证其结构的完整性。

(2) Windscale Pile 2

Windscale Pile 2 的退役策略倡导安全封存,封存期间实施有效监护,确保堆芯安全。该堆已于 2006 年对反应堆的辅助设施进行检测和维修,并移出了堆内剩余燃料。

Windscale Pile 2 下一阶段的退役，计划于 2044 年前后开始。主要工作涉及拆毁生物屏蔽体及构筑物，拆除堆芯、控制棒和热屏蔽层，全部工作预计于 2060 年年底完成。

4.2.3.2 废物最小化的经验

2002 年，HSE 核设施稽查团(NII)对场址退役的评论[13]为：Pile 1 退役是 Windscale 场址最富有挑战性和最重要的退役项目，现已取得了一些成效。然而，以项目预期完成时间来看，堆芯拆除存在明显延迟。当前，UKAEA 正重新评估堆芯拆除及所需研发的退役方案。对于 Pile 1 退役项目总体进展中存在的不足，NII 表示关注，并对 UKAEA 遇到的棘手问题表示理解。虽然，UKAEA 未明确调整第二步退役经费，但 NII 也明白，成本会显著增加是不言而喻的。

NII 的基本原则之一是，系统地分析风险指数，确定废物回取和处理的主要影响因素。唐瑞(Dounreay)场址整治项目(DSRP)，在具备合理、可行的操作条件下，实施退役和废物回取的时间节点与 NII 期望基本一致。然而，有些重要的退役项目，若合理、可行的条件具备，则期望能加快项目进展。

4.3 法国

4.3.1 退役概况

法国的生产堆及其后处理设施均位于马库尔(Marcoule)[14-15]，其大体情况如表 1 所列。

表 1　法国的生产堆及概况

设施类型	名称	主要特性	运行时间	现状
生产堆	G1	石墨气冷堆/2 MWe/46 MWth	1956—1968 年	安全关闭
	G2	石墨气冷堆/39 MWe/250 MWth	1959—1980 年	
	G3	石墨气冷堆/40 MWe/250 MWth	1960—1984 年	

G1 堆退役过程共产生约 1 300 t 废物，其中，98%以上是来自回路或热交换器的金属。这些废物的 β 和 γ 放射性比活度都非常低，一般不超过 3 Bq/g。在分类和去污(如有必要)后，对 930 t 金属进行了熔炼处理等，以实现废物最小化。

法国的生产堆[16-21]采用天然铀作燃料，石墨为慢化剂——故其编号以 G 打头，分别为 G1、G2、G3。G1 建于 1955 年，采用空气进行冷却。G2、G3 的设计始于 1954 年，在 G1 的基础上进行了许多改进，包括采用压缩 CO_2 进行冷却；堆内石墨块的质量为 1 200 t/堆。这三座生产堆同时用于发电。

G1 于 1969 年至 20 世纪 80 年代进行了第一阶段退役，除堆本体和一座 100 m 高的烟囱外，其建筑已改作他用。经过两年的准备后，这座烟囱于 2003 年 7 月 9 日被拆除。G2、G3 的第一阶段退役也已于 1986—1996 年完成，主要工作为，拆除包括过滤器、冷却系统和管道等在内的外围系统，封堵保留下来的堆本体等，同时对管道系统(特别是 CO_2 冷却管道)的去污、机械切割和热切割技术进行了验证。反应堆现处于监护状态，主要监护项目有预应力电缆中的残余应力，电缆护套内空气的比重，封存反应堆的密封性，以及起重、搬运设备的工作状态等。

G2、G3 的冷却管道为碳钢材质，分别重约 1 500～2 000 t，如直接送去处置费用高达 3 700 万欧元。经过研究，决定采用高压水清洗后进行熔炼，以达到再循环的要求。1990 年 10 月，决定于 G2、G3 内上马被称为 INFANTE 的熔炼设施。该设施采用电弧炉，处理能力为 15 t/炉，处理对象包括碳钢和不锈钢，直径达 1.6 m 的管道可直接入炉、而无需解体。INFANTE 于 1992 年 4 月投入运行，它同时接收 CEA 其他设施的废金属。至 1996 年，生产堆第一阶段退役产生的废金属经过熔炼后，一部分被制成了废物包装容器(约 150 个)，有 4 000 t 被送往 Morvilliers 极低放废物处置场处置。

第二阶段退役预计将在 2020—2035 年间进行，即进行完全拆除。延缓拆除的原因除了对放射性衰变的考虑外，主要是石墨废物的出路。石墨废物的处置设施预计将在 2019 年投入运行。

4.3.2 退役策略

在法国，退役策略是由运行方基于“一事一议”的原则，通过比较研究来选取的[22]。ASN 则会要求其对所选取的退役策略进行论证，以证明从安全、辐射防护、废物管理、终态等方面而言都是最优的。现行法律法规并未规定关闭核设施应在合理可行的前提下及早拆除，但 ASN 赞成立即拆除，其原因是多方面的，如随着时间的流逝人们对关闭设施的设计和运行不再熟悉，放射性衰变所带来的利益是有限的，设施内拟于退役作业中利用的设备可能会无法使用等等。如今，承担退役责任各个机构与实体都采纳了立即拆除的策略。

Marcoule G1 生产堆是法国原子能委员会建造和使用的第一座天然铀石墨气冷堆，CEA 已经声明，其退役政策是在可能的情况下立即拆除，只有当放射性水平预期会随时间大幅度降低，或关闭设施的条件无以确保安全时才会考虑延迟拆除[21]。

4.3.3 退役废物最小化实践

法国 Marcoule G1 生产堆是 CEA 建造和使用的第一座天然铀石墨气冷堆。该生产堆于 1956 年开始运行，于 1968 年关闭，共运行 12 年。

Marcoule G1 生产堆的退役工作分两个阶段进行，第一阶段工作于 1968 年 10 月到 1994 年间完成，主要涉及以下工作：安全关闭；封闭生产堆本体，安装后处理厂模拟(SPI)设备；拆除下部冷却回路，并根据后处理计划，在主厂房和辅助厂房内开展非放实验和用铀做实验。

(1) 安全关闭

1968 年 G1 堆安全关闭时已全部卸出了燃料，而将控制棒保留在堆内，以减少风险，并为后续退役做了准备工作，包括拆除了上部冷却回路(至堆本体)；生产堆的密封是通过装、卸料面的塞子，以及位于上部冷却回路上的金属接头来实现的。

此外，根据有关安全部门的要求，还清理了现场所有放射性废物，并包装；排空所有管道，去污，并涂漆；在装、卸料面上安装了实物屏障以防止人员进入孔道。

(2) 局部拆除

通过将堆本体的所有开口封堵，以此来封闭堆芯，并拆除所有设备、清理现场。

1983—1994 年，拆除冷却回路：封隔 G1 堆的烟囱；对一回路去污，并拆除过滤器；拆除热交换器；拆除下部回路等。

目前，G1 堆处于封存状态，冷却回路已全部拆除，烟囱入口也已用金属板封闭。对堆芯的定期检查结果显示，堆芯周围环境未受到明显污染。

4.4 中国

4.4.1 退役概况

我国有两大核基地，其主要军工生产及配套设施建于 20 世纪 60 年代，目前反应堆已经停止运行。

反应堆退役工程分阶段安排实施，第一阶段进行反应堆末端运行和废物清理；第二阶段进行局部拆除和堆本体埋藏，主要是拆除生物屏蔽以外的工艺系统和对堆本体进行封堵、埋藏。第三阶段首先对堆芯就地封存若干年，再拆除反应堆堆芯。

从美国经验来看，汉福特生产堆采取安全封存 75 年的退役策略，其考虑的因素为职业人员的受照剂量、退役成本、公众剂量等，对退役废物产生量给予了估算。具体为：对生产堆的监测(1986 WINSHIP)表明，反应堆正常可接近的区域的实测剂量率约为 1.0×10^{-4}～2.8×10^{-3} mSv/h。反应堆内的剂量率很高，但经过 75 年的安全封存后，^{60}Co 已衰变至较低水平，堆本体拆除时，对职业人员的受照剂量起主要作用的为 ^{137}Cs。现仅以 ^{137}Cs 为基础，估算安全封存后整体移走或拆除作业人员的受照剂量，如表 2 所示。不同退役方案的废物产生量估算结果列于表 2。

表 2　生产堆退役职业照射剂量及废物生产量估算

退役方案	废物产生量/m³				总计/m³	职业照射剂量/(10^{-2}人·Sv)
	混凝土	污染设备	生物屏蔽体	石墨		
立即整体移走	334	1 073	2 762(堆本体)		4 169	159
75 年后整体移走						51
75 年后堆体拆除	680	1 160	1 466	1 541	4 847	532

从英国的实践来看，英国 Windscale Pile 1、2 生产堆均采取延缓拆除、尽量缩短封存期的退役策略。其延缓拆除(封存)的目的是为了降低作业人员的受照剂量及减少中放废物的产生量。虽然现有文献无剂量降低量和废物减少量的相关数据，但 NII 对生产堆的退役策略总体认同，可表明英国生产堆退役实践与剂量的降低、废物量的减少具有关联性，值得关注。

从现阶段来看，我国早期制定的反应堆分阶段退役的思路，基本符合当时的技术和经济条件，具有合理性。但当前应结合现状和国际生产堆退役的发展趋势开展进一步论证，以更好地实践退役废物最小化原则。

4.4.2 退役废物最小化实践

4.4.2.1 去污技术

我国过去曾使用过多种去污方法，取得了一定经验。其中，有些技术具有二次废物产生量小的特点，有利于退役过程中的产生废物量的最小化。

(1) 管道疏通去污(PIG)

某厂在反应堆退役早期阶段开展过 PIG 技术的研究和现场试验。PIG 是一种专门的管道去污技术，清洗原理是在压力介质的推动下，PIG 管线与内表面紧密挤压，在摩擦力作用下，将附着在管内壁上的污垢除下。该技术主要用来恢复管道本来所具有的流通界面，是管道清洗去污的有效手段，在石化工业、轻工业、食品工业、重工业等领域传输不同介质的管道清洗已经广泛应用，能满足直径 ϕ25 mm～2 000 mm 范围内不同管径管道的清洗需要，对各类污垢、铁锈、水垢、硅酸盐垢以及泥沙有很好的清洗效果。在反应堆水池排水管的去污试验中，基本可实现去除管道内沉积物、锈垢和管内松散污染。

(2) 反应堆一回路管道电解去污

中国辐射防护研究院开展过“金属设备表面电化学去污技术”研究，并与某厂合作，进行了现场去污试验验证。试验中，截取一回路管道作为主要去污对象，外径为 800 mm，壁厚 20 mm。另增加放射性水平较高的仪表罩和事故工具清洗箱盖板，以及 α 污染的取样柜后盖板作为补充验证对象。试验表明，在推荐的工艺参数下，无论是对 β、γ 污染金属设备、还是 α 污染金属设备，不论有没有经过高效去污剂擦洗，电解去污剂均能在 5 min 内将放射性污染金属去污至本底或接近本底水平，去污系数为 20～2 000，腐蚀深度在 17～35 μm。

(3) 离线化学去污

某厂正在建设的废物处理设施，其中化学去污车间利用酸洗、碱洗配合超声波对不锈钢、碳钢、铸铁等低放废物进行去污，或用铈(Ⅳ)－硝酸溶液对不锈钢低放废物进行去污，使废物达到再循环再利用或熔炼的要求。

(4) 表面高压水去污

高压水去污是利用高压水射流产生的物理冲击力去除废物表面附着物，以达到去污的目的。主要对象是较大的外表面积，比如设备外表面、设备室钢覆面、水池金属覆面等。

高压水去污产生废水的放射性活度主要来自废水中的固体颗粒，可以利用固液分离的工艺，将水中的固体颗粒尽可能去除，从而大大降低废水的放射性水平，使之可以重复使用，减少金属去污的二次废物量。

某厂为反应堆退役建了废物处理设施，其中包括高压水去污车间。设置了一台开放式清洗台和一台封闭式冲洗箱。去污废液经滤网过滤、离心分离后循环使用。

4.4.2.2 拆除技术

金属废物切割处理场主要切割中、低放金属废物，并进行废旧电缆的剥离切断。废物在主厂房切割、装桶后暂存于废物贮存库，再由此向熔炼、固定、压缩等后续处理车间发送。

该车间配备的切割机具有直径在 ϕ200 mm～2 200 mm 范围内的管道，由焊接操作架配合自调滚轮架，用空气等离子切割机或火焰切割机进行热切割；不规则的管道、设备，由焊接操作架配合焊接变位机，用空气等离子切割机或火焰切割机进行热切割；直径小于 ϕ240 mm 的管道，在圆锯床上进行冷切割；直径小于 ϕ85 mm 的管道及钢筋，用钢筋切断机进行冷切割；直径小于 ϕ60 mm 的管道、不规则的管道、扭曲的钢筋及钢缆等，用液压剪进行剪切。另外，对于不适合热切割的金属废物，或用热切割难以完成的金属废物，切割车间设有辅助设备，可采用手动砂轮切割机进行冷切割。

4.4.2.3　再循环再利用技术

(1) 熔炼去污

某厂熔炼去污设施处理的污染金属对象是，反应堆运行和退役期间产生的污染金属和厂内各工艺系统设备、厂房因拆除而产生的污染金属。污染金属大部分为低放废物，可使用高压水清洗去污，切割后熔炼。

熔炼时，将污染金属和特定组分的助熔剂一起添加进熔炼炉内，熔炼过程中污染金属中的大部分放射性核素富集到熔渣和滤尘(尾气处理的产物)中。熔炼产生的熔渣及滤尘作为废物处理，污染金属在去除掉大部分放射性核素后铸造成钢锭，达到可回收利用或清洁解控水平后，可实现再循环再利用。

另某厂熔炼去污设施的任务是，将经高压水去污和化学去污后的低放污染金属进行熔炼，达到对废物的进一步去污和金属回收利用的目的。污染金属来源为该厂反应堆运行和退役阶段产生的污染金属，总量约为 9 000 t，污染金属种类主要为不锈钢、碳钢、铸铁、铝和铜等。

同样的，通过熔炼可大大减少废物量。尾气经旋风分离、布袋除尘、高效过滤等处理后达标排放。钢水在去除大部分放射性核素后，铸造成钢锭，达到可回收利用或清洁解控水平。

(2) 回收利用

在两厂退役过程中，除部分污染金属可通过熔炼去污设施实现再循环、再利用外，其他无污染的废物，如建筑混凝土、砖和其他建筑材料、电机线圈的铜、屏蔽材料铅等，应尽可能考虑回收利用。

退役产生的金属以碳钢、不锈钢、铜、铝、铅、镍及合金为主。针对金属污染水平的不同，有针对性地采取不同去污、测量手段进行回收。无污染的和去污达到清洁解控水平的材料，将其返回核燃料循环使用，少部分的作为放射性废物处置。

混凝土与建筑材料作为退役阶段产生数量较大、经济效益较低的物料，应仔细测量、严格分类、合理利用，减少划分为放射性废物和直接送入填埋场填埋的数量，尽可能回收利用，或作为新建设施的基础建筑材料。

还有一些废物包括：电线、电缆、塑料等。数量不多，具有一定的再利用可能性。对于这类废物，应考虑回收、利用其中经济价值较高的部分。例如，电线/电缆中的铜具有再循环利用的价值。分离出的没有价值的废物作为一般废物处理。

4.4.3　废物最小化措施

我国场址的源项估算中并未将反应堆与后处理设施退役产生废物量明确分开。为此，对于堆与后处理设施退役及废物最小化措施一并考虑，即本节内容不区分反应堆退役与后处理设施退役废物，而采取与源项估算的分类方法，即按金属、可燃固体、建筑物剥离物、废液等考虑废物最小化措施。

4.4.3.1 金属类废物

两厂反应堆和后处理设施退役，预计产生的中、低放金属类废物量分别为 3 801 t 和 18 073 t。该类金属废物主要为工艺设备、管道、辅助系统及钢覆面等结构材料，材质主要为不锈钢、碳钢和铸铁等。可考虑通过化学去污、机械去污或金属熔炼去污等实现其降级、解控或再循环、再利用，以达到废物最小化的目的。

(1) 不锈钢

1) 切割件、离散小部件：采用 Ce(Ⅳ)/HNO_3浸泡去污，具有去污效率高、二次废液产生量少等优点。去污废液经处理后，沉淀物可水泥固化处理。假定 1 000 t 不锈钢类金属废物，其厚度按 2 mm 计，去污处理后的腐蚀深度按 2 μm 计，其腐蚀去除量为 1 t(0.1%)；假设腐蚀产生的 Fe^{3+}、Cr^{3+}、Ni^{2+}等离子均形成沉淀物（按 1∶1 计），包括去污剂(Ce^{4+})的加入量共为 3 t；水泥固化包容量若按 15%(质量分数)计(中、低放水平的固化体)，沉淀物转化为固化体的总量为 20 t 左右。即 1 000 t 的中、低放类金属废物，最终形成 20 t 中、低放水泥固化体，废物缩减量达 98%(质量分数)。

中放水平的金属废物降级为低放废物后，可考虑采取熔炼去污，去污后满足要求的考虑再循环、再利用。也可采用槽式电化学去污技术实现其污染水平降级或清洁解控，其 DF>100，且无去污剂(Ce^{4+})加入。电解液 HNO_3浓度为 7.5%(质量分数)、电流密度为 30 A 左右时，腐蚀速率均值可达 2.1 μm/min。去污产生的二次废液可通过中和、沉降、分离、固化等进行处理。经计算，电化学去污废液 pH 调至 10 左右时，1 m^3 废液可产生干淀物约为 0.3 m^3。中放水平的污染金属若按 10^6 Bq/kg(10^9 Bq/t)计，1 m^3 电解液处理 1 000 t 时，去污废液的比活度最大为 10^9 Bq/L，接近中放废液的上限值。采取保守措施，按 1 m^3 电解液处理 20 t 计，1 000 t 中、低放金属废物，需要 50 m^3 电解液，将产生 15 m^3 沉淀物。水泥固化包容量若按 15%计，将产生约 100 m^3 固化体(比重按 2 g/cm^3 计)，废物减少量≥80%(质量分数)。

2) 面积较大部件：对于热室表面、不锈钢手套箱表面、反应堆水池覆面、槽罐等污染面积较大的金属表面，可考虑采用喷涂氧化凝胶或氧化泡沫实施去污。一方面可降低后续作业人员的受照剂量，也有望实现污染水平的降级，减少中、低放废物的产生量。

氧化凝胶去污技术具有去污效率高、二次废物产生量少的优势，常用于污染严重的不锈钢的深度去污或 α 废物的非 α 化。其用量为 0.6～1.0 kg/m^2 时，4 h 内的腐蚀深度≥1.2 μm，固体废物产生量为 1 kg 左右。按壁厚为 2 mm 计，1 t 中、低放不锈钢件经两次氧化凝胶喷涂去污(腐蚀厚度为 2.4 μm，换算质量为 1.2 kg 左右)，可实现深度去污，凝胶最大用量为 128 kg，二次废物产生量约为 130 kg，所占比例为 13%(质量分数)左右。依据法国的工业应用经验，经氧化凝胶两次喷涂去污后，大部分污染严重的不锈钢可实现降级，甚至达清洁解控水平，废物最小化效果明显。

(2) 碳钢

对表面平整、光洁的碳钢件考虑用喷涂酸性凝胶去污，对达不到要求者与形状复杂、表面不规则的碳钢件，进行超声波化学浸泡去污，DF 可达 100。对于碳钢表面涂有漆层的物件，采用浓碱液浸泡或喷涂碱性凝胶的方法去污。

酸性凝胶主要用于碳钢件的去污，用量为 0.5～1.0 kg/m^2 时，1 h 内的腐蚀深度≥10 μm，固体废物产生量<1 kg。按壁厚为 2 mm 计，1 t 碳钢件经酸性凝胶去污 1 次（腐蚀厚度按 10 μm 计，换算质量为 5 kg 左右），可实现深度去污，凝胶最大用量为 64 kg。考虑到碳钢表面均涂有漆层，需采用喷涂碱性凝胶或浓碱液浸泡。考虑喷涂碱性凝胶 1 次，其用量 1.0 kg/m^2。1 t 碳钢件经上述处理，二次废物产生量为 140 kg 左右，所占比例约为 14%（质量分数）。

对于表面不规则或切割、离散碳钢件的去污，可考虑采用超声波化学浸泡去污。在超声波辅助作用下，HNO_3浓度为 5%（质量分数）时，腐蚀速率可达 5 μm/h，超声波功率密度为 9 W/L 时，腐蚀速率最大可达 20 μm/h。考虑到碳钢表面漆层，应先采用超声波碱液浸泡去污。通过两步去污，有望实现中、低放碳钢件降级为低放废物或清洁解控，且去污废液可直接输送至两厂废液处理系统。

4.4.3.2　可燃固体废物

我国两厂退役产生的中、低放（含极低）可燃固体废物分别约为 107 t 和 55 t。此两厂均已建成可燃固体废物焚烧站，采用焚烧法的试验值减重比可达 24。两厂可燃固体废物，经焚烧处理后，焚烧灰产生量约为 8 t。考虑到焚烧灰的固化处理，采取水泥固化处理的包容量按 10%（质量分数）计，将产生固化体量为 80 t，废物减少量可达 50%（质量分数）；若采用焚烧灰造粒后水泥玻璃固定，其包容量可达 30%（质量分数），将产生废物体量约为 25 t，废物减少量可达 85%（质量分数）。

通常可燃固体废物的比重为 0.4 t/m^3，两厂总可燃固体废物的体积约为 400 m^3，现场试验焚烧法的减容比可达 120，可燃固体废物经焚烧处理后，二次废物产生量为 10 m^3，造粒后压缩比按 2 计算，造粒固定后将产生 16 m^3 的固定体，废物减少量可达 96%。

4.4.3.3　橡胶塑料类废物

两厂退役产生橡胶塑料废物量分别为 3 t 和 636 t。橡胶塑料类废物的处理为难点，通常是按某一比例与棉纺类可燃废物混合后焚烧处理，混合量可达 20%（质量分数）。为了进一步减少橡胶塑料类的废物量，可对橡胶塑料废物进行剥离去污，经处理后，部分可实现清洁解控。未解控部分与剥离物，可采用焚烧法处理。

剥离量按 20%计，可实现清洁解控量按 50%计，两厂橡胶塑料废物经焚烧处理后（减重比按 20∶1），焚烧灰产生量约为 19 t，造粒固定处理的固定体量为 55 t，废物减少量可达 90%（质量分数）。

4.4.3.4　电缆类废物

两厂退役产生的电缆类废物为 7 000 m 和 64 355 m 左右，均为低放或极低放类废物。最小化措施为，经剥离后将铜芯、铝芯等回收利用，表皮采用焚烧处理。

依据 BV4 mm 标准铜芯电缆计算，表皮与铜芯的重量分别为 36 kg/km 铜芯、12 kg/km 表皮。两厂电缆若均按 BV4 mm 标准铜芯电缆计，其铜芯重量为 2 569 kg、表皮重量为 856 kg。考虑到电缆类废物污染水平低，且污染主要集中于表皮，经剥离表皮后，绝大部分铜芯可满足清洁解控要求，回收利用率达75%。

采用焚烧法处理剥离表皮，减重比按20：1计，焚烧灰的产生量约为43 kg，经水泥固化处理(包容量按15%(质量分数)计)，可产生约280 kg固体废物，废物减少量可达91%(质量分数)。

4.4.3.5 尚无成熟技术可处理的废物

两厂退役中，尚无成熟技术可处理的废物主要为，高放及α固体废物、高放有机废物、废树脂、废石墨、含氚废物等。

对于α固体废物，可考虑非α化，使其降级，尽量减少α废物产生量，从而降低处理难度和处置成本。两厂的α固体废物主要来自418-1/01、822、717及钚的氯化线等。据统计，两厂退役将产生112 t和260 m^3的高放及α固体废物，总量相当可观。为此，可采取的废物最小化措施为：

(1) 在设备内部，除现用的氧化还原、络合剂等去除α污染的系统去污洗涤方法外，可考虑使用Ce(Ⅳ)/HNO_3循环去污。现场验证表明，该方法去污效率高、废液产生量少，可实现α废物降级或非α化。

(2) 设备室的金属覆面、设备外表面等，可考虑采用喷涂氧化凝胶法实施去污，由于凝胶中含有强氧化剂Ce(Ⅳ)，可实现污染严重的不锈钢类金属的深度去污，且法国的工业应用表明，氧化凝胶去污技术，可实现α废物降级或非α化。

4.5 小结

美、英、法等国家对生产堆的退役策略，早期阶段考虑到经济、技术等诸多方面的因素，倾向于延缓拆除，即拆除或移走堆芯前均有一定时间的封存期。此策略可通过封存冷却堆芯，降低作业人员的受照射剂量和风险，同时可降低ILW产生量，实现退役废物最小化。除此之外，一定时间的封存期，可为决策者确定堆芯的最终处置方案提供考虑的时间，以实现堆本体退役方案的最优化，最大程度地减少其退役对环境和公众的潜在影响。

然而，近些年来，国际上大多数国家对即将面临的场址退役策略的考虑越来越多地倾向于立即拆除，事实证明，封存或延缓拆除并不一定能节省资金，反而会带来管理等诸多方面的成本消耗，目前国际上的做法是尽量缩短封存和监护期的时间，以减少封存、监护等所产生的废物量，以实践反应堆退役废物最小化原则。

对于废物最小化实践，美国具有完善的废物最小化法律法规体系和有效的废物最小化管理机制。废物最小化评价作为一种有效的废物最小化工具和方法在DOE各场址上得到广泛的应用。汉福特场址退役过程中做了一系列的废物最小化实践，取得了许多废物最小化经验，具有示范性。

英国同样具有完善的废物最小化法律法规体系和有效的废物最小化管理体系。通过两种有效的废物最小化方法，实现了核设施退役过程中的废物最小化。英国场址在核设施退役废物最小化方面做了许多努力，取得了一系列的废物最小化经验，包括废物最小化的管理经验、废物最小化方法和具体策略等方面的经验。在废物最小化绩效的评价方面，英国有良好的探索和实践，具有示范性。

在当时国际形势和国家政策指引下，我国早期针对已关停的反应堆采取了分阶段的退役安排，基本符合当时实际情况，具有合理性。同时，我国在反应堆退役实践中，不乏对废物最小化的积极探索，也积累了一定的经验、教训，但带有零散性、自发性等特点，缺乏系统的、规范化的考虑。

第 5 章　后处理设施退役废物最小化

5.1　美国

5.1.1　退役概况

汉福特拥有的废物贮罐数量占 DOE 废物贮罐总数的 63%(占单层贮罐总数的 80%),其废物体积占 DOE 废物总体积的 38%,其发生泄漏的贮罐数量占 DOE 总数的 86%。其贮罐内贮存的废物总体积约为 200 000 m^3。因此,汉福特废物贮罐关闭是整个 DOE 贮罐关闭行动的重点。

DOE 在汉福特有两个管理机构,即 DOE-RL 和 DOE-ORP,二者共同负责汉福特的环境清理活动。RL 作为汉福特的主要管理机构,负责场址上遗留废物的清理和相关研究,并与其他机构共同负责贮罐场内 177 个废液贮罐的运行、清理和关闭活动。ORP 主要负责贮罐废物的贮存、回取、处理和处置。

废物贮罐分布在场址 200 号东区和 200 号西区,每区各有 6 个贮罐场,共 12 个贮罐场。按照“三方协议”和 RCRA 的关闭计划和目标的要求,将 12 个贮罐场划分为 7 个废物管理区域。贮罐场内共有 149 个单层贮罐(SST)和 28 个双层贮罐(DST)。

单层贮罐建于 1943—1964 年,均已超过其设计寿命且不符合现有的环境标准。这些贮罐被埋藏在离地面约 1.8 m 的深度,其上用土壤覆盖。单层贮罐设计为 3 个、4 个或 6 个串联结构,进液口和溢流口位于罐体顶部,这种设计便于废物从串联的第一个贮罐溢流至串联的其他贮罐中。单层贮罐的结构为钢筋混凝土外壳内衬碳钢,其容积在 208～3 785 m^3。单层贮罐中有 16 个 200 型贮罐,每个贮罐容积为 208 m^3;其余的 133 个 100 型贮罐,其每个贮罐的容积在 2 000～3 785 m^3。单层贮罐贮存了约 125 000 m^3 的放射性废物。共有约 77 个贮罐发生过泄漏,泄漏量达 3 785 m^3。

双层贮罐建于 1968—1986 年,用于接收退役、清理活动以及乏燃料处理工艺产生的放射性废液,包括从单层贮罐中用泵抽送到双层贮罐的废液。每个双层贮罐包括三个同心结构,罐体外部为钢筋混凝土结构,中间为碳钢衬里,内部为独立的、被中间碳钢衬里完全围住的碳钢罐,且衬里和中心罐之间有一个夹层,夹层内设有泄漏监测和液位监测装置。贮罐上设有圆形竖梯,其直径在 0.1～1 m,可通过竖梯进入贮罐。也可通过这些竖梯进行监测和取样。每个双层贮罐容积为 3 785 m^3。

汉福特从 1997 年开始回取单层贮罐中的放射性废物,并转移至双层贮罐中,待进行玻璃固化和处置。先将单层贮罐中的上清液转移至双层贮罐，再进行盐饼和泥浆废物的回取。当贮罐废物的回取完成后，DOE-ORP 将按照"三方协议"和《原子能法》等相关法规的要求关闭单层贮罐场。2002 年由 DOE-RL 发布的相关文献中描述了汉福特清理活动的六个方面的任务，其中计划于 2033 年完成贮罐废物回取、处理、固定及最终实现地下贮罐的关闭。

目前，汉福特致力于贮罐废物回取和单层贮罐的关闭活动。将贮罐中贮存的 200 000 m^3 废物回取后，预计剩余体积约为 2 000 m^3。然后，对回取的废物进行玻璃固化处理，最终形成高放废物玻璃固化体、低放废物玻璃固化体和水泥固化体。

5.1.2　退役策略

5.1.2.1　废物特性

自 20 世纪 40 年代开始，单层贮罐接收并贮存后处理产生的放射性废物。包括钚铀萃取(PUREX)和钚终端厂(PFP)产生的高放废物、低放废物和超铀废物。

单层贮罐中的放射性废物包括上清液、盐饼和泥浆等。放射性盐饼中主要有硝酸钠、碳酸钠等钠盐；放射性泥浆中主要有金属磷酸盐、碳酸盐、氧化物、氢氧化物和硫酸盐等不溶物。约有 75%的放射性来源于泥浆中的 ^{90}Sr，24%的放射性来源于盐饼和间隙液体中的 ^{137}Cs，剩余的 1%来源于锕系等其他放射性核素。

5.1.2.2　废物回取

"三方协议"中提出的汉福特回取目标，即在技术允许的条件下，回取尽可能多的废物，回取体积要达到贮罐容积的 99%。

截至 2007 年 7 月，该场址完成了 7 个废物贮罐的废物回取，正在进行 3 个废物贮罐的废物回取，计划实施 2 个贮罐的废物回取。废物回取的进展情况见表 3。汉福特单层贮罐中废物回取的速度大约为每年回取一个贮罐。

表 3　汉福特废物贮罐的废物回取进展情况

贮罐编号	容积/m^3	回取方法	备注
S-112	2 800	盐饼溶解/改进型冲洗	完成
C—204	210	真空回取	完成
C-103	2 000	改进型冲洗	完成
C—201	210	真空回取	完成
C—202	210	真空回取	完成
C—203	210	真空回取	完成
C-106	2 000	改进型冲洗/草酸溶解	完成
C-109	2 000	改进型冲洗	正在回取
C-108	2 000	改进型冲洗	正在回取
S-102	2 800	盐饼溶解/改进型冲洗	正在回取
C-104	2 000	改进型冲洗	计划回取
C-110	2 000	改进型冲洗	计划回取

5.1.3 退役废物最小化实践

汉福特针对一些废物贮罐，开发和验证了更为有效的废物回取技术和废物回取工具，尽量减少了回取二次废物的产生量。汉福特高放废物的回取、处理和接下来的贮罐关闭活动，有赖于正在建设当中的玻璃固化设施。

5.1.3.1 废物的再循环再利用

20世纪50年代，美国开始进行熔炼去污技术研究。在40—60年代Y-12厂选用20 t的电子电弧，对其厂中大量积累的铀污染废钢铁进行了熔炼去污。爱达华国家工程实验室的废物实验设施控制区具有每天浇铸4个680 kg钢锭的能力。商用的放射性熔炼设施位于田纳西州，采用中频感应炉熔炼放射性污染金属，再制成产品，限制性地用于核工业。熔炼后的金属可作为核设施的屏蔽材料、废物包裹材料等。放射性污染的金属有效的再利用，已经为DOE提供了近60 000 t的钢铁，用来制造屏蔽防护装置，据估计每吨节约成本近900美元。

据DOE统计，美国核设施的建筑物拆除将产生2 300万m^3的废弃混凝土废物，这些废弃的混凝土绝大部分为轻微放射性污染或没有污染。美国对废弃混凝土的再循环再利用做了许多研究工作，并且已经得到了实际应用。主要的应用是将废弃混凝土经破碎后分离，制成骨料，用于铺路、废物固定，或作为处置库回填材料、浇注处置库隔板和顶板等。

1995年，在汉福特的Bechtel有限公司粉碎和回收了249.48 t混凝土。回收过程为，首先对混凝土进行适当的去污，然后开始挖掘，将挖出的大块混凝土破碎为粒径不大于沙石大小的粒料，主要用作回填土、路基以及覆盖材料等。

5.1.3.2 废物的回取

汉福特单层贮罐中废物大多数为放射性盐饼和泥浆，其中含有^{90}Sr、^{137}Cs和其他放射性核素。149个单层贮罐中的77个都发生过泄漏，且泄漏量达3 785 m^3，并导致了贮罐周围土壤的污染。尽早回取这些泄漏贮罐中的废物，可减少泄漏量，同时能够减少对周围土壤的污染，有利于减少后续的场址环境整治过程中产生的废物量。

当初在用贮罐贮存废物时，采用了蒸发浓缩工艺，将废物体积尽可能减小。浓缩废液在贮存过程中形成很多盐饼和泥浆。在回取贮罐内废物时，需要将盐饼和泥浆溶解。早期回取采用水力冲洗方法回取贮罐内废物，需要用高压水冲洗、驱动、回取废物，这样做用水量大，因此产生了大量的二次废物。

从2003年起，汉福特启用改进的废物回取方法，通过控制冲洗液体的使用量，使二次废物达到最小化。盐饼溶解、改进型冲洗、真空回取等三种改进的回取技术已经得到成功的应用。这些回取技术将冲洗液体进行再循环，能够减少回取过程中液体的使用量，从而使产生的二次废物量最小化。

盐饼溶解回取方法是在盐饼溶解系统中加入液体，将单层贮罐内的可溶性废物溶解后，用泵将其输送到其他单层贮罐，对其中难溶的泥浆进行冲洗，达到再利用的目的，从而使尽可能多的废物溶解和转移至双层贮罐中，尽量减少回取二次废物的产生。

改进的水力冲洗是将双层贮罐中的废液作为冲洗介质，对单层贮罐中废物进行回取。

将废液用泵输送到单层贮罐，通过冲洗喷嘴将其喷射出去，以驱动难溶废物，再用泵将这些泥浆转移至双层贮罐。这种方法能够减少回取过程中产生的废物量。

5.2　英国

5.2.1　退役概况

5.2.1.1　后处理设施简介

Sellafield 是英国最庞大且复杂的场址，场址上有 1 000 多座建筑物、200 多个核设施。场址有两个大型的后处理厂，50 年中产生了超过 50 000 t 的燃料。还有世界上第一座先进的气体冷却反应堆、镁诺克斯核燃料处理厂、混合氧化燃料制造厂以及附属的废物管理及处理设施。在 1971—2005 年，Sellafield 场址一直属英国燃料公司(BNFL)管辖，从 2005 年 4 月起，正式由英国核设施退役管理局(NDA)接管。

5.2.1.2　退役进展

Sellafield 核设施现隶属于 NDA，英国核电集团 Sellafield 有限公司代表委员会管理和运作现场事务，负责核设施的关闭、退役和环境污染整治，以及一些早期核设施(如铀浓缩分离厂)的清理等事宜。

目前，共有 2 240 个员工在 Sellafield 从事退役工作，其众多核设施中已被安全拆除的有 55 座建筑物，还有 150 个退役项目仍在实施中。Sellafield 目前仍接收并贮存来自 SMP (Sellafield 混合氧化物车间)和 Thorp 后处理厂的乏燃料。

在废物处理方面，截至 2009 年 3 月，已有 41 桶废物运送到了低放废物库；占总量 28.45％的非放废物被回收利用；近 600 t 的废混凝土被回收利用；金属回收设施成功地接收了经过退役的热交换器；压缩絮状物超过 1 000 m^3。

在废物处置方面，场址近年来投资建设油水分离设施，形成两套废液处理系统，减少了 70％的废油产生量，且增加了废油的贮存能力。吸收剂送到了当地的废品收购站，不需要当做核废物处理；金属回收设施超过了处理和回收钢铁的目标，650 t 的金属经过金属喷丸机的处理，超过了 500 t 的处理目标；回收场址中 1 104 t 金属废料被解控。截至 2008 年 8 月，已经处理了 1 750 个包装体，其中 969 个根据《放射性物质法案》的规定得以解控，781 个包装体作为低放废物返回场址。

5.2.2　退役废物最小化实践

5.2.2.1　废物最小化的分析方法

(1) 最可行的方法(Best Practicable Means，BPM)是英国环境保护部门规定使用的一种核准方法，根据《放射性物质法案》规定，所有的核设施运营商必须采取一切合理的、经过实践证明的方法，用于核设施的设计、运行和管理，使放射性废物的排放量和处置量都实现最小化，达到保护人类和环境的最终目的。BPM 是实现放射性废物最小化、实现环境监管的重要手段。运用 BPM 方法，有助于运营单位对公众和环境的辐射风险可合理地达到尽量低的程度，符合 ALARA 原则。

（2）最可行的环境选择（Best Practicable Environmental Option，BPEO）是通过接受咨询的、最终做出决策的一种系统的废物管理方法。它强调的是如何保护和维持自然环境的发展。BPEO 方法论提出：对于一个废物最小化的目标，要对可参考的技术和方法进行排序，从对环境利益最大到对环境损害最小、从长期到短期，最后在可接受的成本下做出选择。

5.2.2.2 废物最小化的策略

英国对退役废物最小化的策略[23]有如下三点：

（1）对于固体废物，尽量通过蒸发和玻璃固化减小贮存体积，减小废液作为副产品产生。

（2）对于液体废物，为使其达到最小化，设计乏燃料的回收工艺，将放射性浓缩，进入单一的废液排放系统。

（3）对于气体废物，首先应控制气态流出物的产生，若有产生则应尽可能使其污染程度和排放量都达到最小化，并通过环境监测和环境评价的手段来进行监督和评定。

5.2.2.3 废物最小化的管理

Sellafield 整体的废物管理策略包括：识别所有的废物来源及产生途径；评估判断废物产生量，包括已经在控制中的和未来可能产生的；识别所有可能使废物最小化的机会，通过现有的设施，不仅结合废物本身的生命周期，还要为未来的评价做鉴定；为 LLW、ILW 和钚污染材料（PCM）建立执行策略；建立废物最小化工具和方法，例如 2007 年 IWS 报告中提到的“Sankey Diagrams”（一种描述废物产生路径及产生量的图标方法）、OES（一种模拟流出物排放剂量的分析方法）、BPM 方法，以及 BPEO 方法；结合 Windscale 场址的废物管理经验。

5.2.2.4 废物的再循环再利用

英国的 Capenhurst 熔炼厂可以熔炼多种金属。它有属于 BNFL 的 3 个小型熔炼试验炉，包括 2 个感应式电炉和 1 个反射式熔炼炉。处理能力为 1.12 t/h，熔渣产生量为熔炼金属总量的 1%。Capenhurst 处理厂至今已处理 Drigg 废物处置场总共 5 620 t 金属中的 3 750 t。自 1994 年使用 4 t 的中频感应炉开始，对英国约 7 000 t 的黄铜和铝进行了熔炼去污处理，经处理后的金属全部得以无限制回收使用，在商业领域内得到了广泛的应用。同时有资料显示，英国通过熔炼和轧制设备，将不锈钢废料制成处理高放废物的玻璃固化体容器。

截至 2009 年 3 月，场址中共有近 600 t 的污染混凝土得到了再循环和再利用。回收的污染混凝土碎片碾碎后，用作生产屏蔽墙中混凝土砖的骨料。

5.2.2.5 废物最小化的经验

Sellafield 场址废物最小化的目标是：① 建立每年度的执行计划，切实达到持续改进的环境要求；② 积极探索、理解并识别可能存在的风险和机遇；③ 认清并理解 Sellafield 场址在整个国家所处的水平，并主动地寻找机会，提高场址的废物策略水平；④ 理解历史性的环境影响，为环境补救建立策略。

实现 Sellafield 场址的废物最小化目标的途径主要包括[24]：① 全面概括场址废物的总体情况；② 总结 WMH（Waste Management Hierarchy）的方法学和实际应用；③ 考虑并建立废物最小化路线；④ 认清场址未来的废物路线中可能存在的机遇与挑战；⑤ 促进整体废物管理并提高管理透明度；⑥ 发布场址策略，确保组织管理严密。

用于 Sellafield 场址的混合废金属的 WMH 方法学考虑见表 4。表 5 列出了 Sellafield 废物最小化成功的实例。

表 4 用于 Sellafield 场址的混合废金属的 WMH 方法学

问 题	注 解
能否避免废物产生？能否避免二次废物产生？	通过详细的源项调查和先进的退役技术，确保废物产生在精确控制的范围内。
能否将所有行得通的办法都用于废物体积最小化？	通过拆除和切割达到减小废物体积的目的。通过 WAMAC 或 WTCL 分别减小小规模的低放废物和钚污染物。熔炼是实现低放废物最小化最好的方法。
放射性是否能从废液/气中分离？如果被豁免，是否可以再循环再利用？如果行得通，是否会产生二次废物？材料再利用可能造成的体积增加是否值得？	通过琢磨和爆破，一些低放金属可以豁免；通过化学或电抛光处理，一些材料可以考虑循环再利用。如果去污后能够达到豁免的水平，才对低放废物进行去污；如果易于去污，且不产生大量二次废物，才对中放废物和钚污染物进行去污。因此，为了确保进入 LLRW 的废物最小化，需要对于去污进行整体考虑。
去污过程能否避免废物产生或实现废物最小化？	去污很有可能产生二次废物，因此需要管理。在研磨的过程中，考虑废物再循环再利用的可能性。 尽管化学去污技术可能产生较多的二次废物，但还是多用到这种去污技术，因为通过化学去污技术处理之后的废物，经过重新分类，一部分可以被豁免，有再循环再利用的可能。
废物体积的减少能否避免放射性的转移或使放射性的转移最小化？	比如熔炼技术，需要就废物体积减小和放射性转移之间的代价进行利益分析。
能否实现将液态和气态的废物转化为固态？这是废物最小化的重要途径。	比如高效过滤器
最后产生的废物是否适合处置？	
能否最大限度地实现废物再循环再利用？能否最大限度地将放射性浓缩在体积最小的固体中？能否最大限度地实现适合处置的钝化/固定形态？	最小化/再循环再利用

表 5 Sellafield 场址废物最小化成功的实例

运行单元	技 术	优 势
Magnox 后处理厂	通过化学方法减少酸的使用量，从而降低了硫酸铁的产生量，而其正是中放废物的主要来源，最终减小的是场址压缩废物的体积。	硫酸铁的产生量减少了 50%，废物处理成本降低了 1 000 万英镑。
废物玻璃固化场（WVP）	采用 28% 混合给料。	每 8 个废物包就少产生 1 个。

续表

运行单元	技术	优势
离子交换厂(SIXEP)	通过离子交换可以分离出废液中的铯和锶。	支持实现废液排放最小化。
遗留水池和遗留地窖(LP&LS)	收集池内淤泥,装入500 L的容器中,运至废物包装厂(WEP)。	减小废物体积。
	收集池内混合βγ废物(MBGW),运至WEP。MBGW的收集运用了收割机和筛选技术,在切除过程中成功地避免了管件的影响。	这是包装废物非常重要的一步,用水泥浆填充。此过程可以使收集物作为低放废物处置,节约成本。

5.3 法国

5.3.1 退役概况

服务于G1、G2、G3的UP1后处理设施,采用PUREX工艺,占地面积20 000 m^2,包括了分属高放和中放两个区域内的14个不同的设施。自20世纪70年代开始,对后处理过程中产生的高放废液进行玻璃固化,固化体暂存于Marcoule。

UP1的退役于1997年开始,预计2035年完成。UP1主要服务于国防,在运行期间共处理了18 600 t的乏燃料;其退役治理将持续40年,花费56亿欧元,其中半数用于废物治理。该设施原本由CODEM负责运行,CEA、EDF分别持股45%,其余10%股份归属COGEMA,即如今之AREVA NC[8]。自2004年起,UP1的退役责任全部由CEA承担,EDF和AREVA将为此支付15亿欧元。

5.3.2 退役废物最小化实践

目前,在法国南部的SOCODEL公司下属的Centraco废物处理设施,自1999年开始采用容积为4.5 t、功率为2 200 kW的感应炉,对放射性污染的废金属进行熔炼去污处理。其接收废金属的比活度上限为2.0×10^7 Bq/kg,污染核素包括Co、Sr、Cs、Pu等。熔炼结束后钢水直接浇铸钢锭,钢锭在核行业回用,用作包装容器或屏蔽体,仅2000年一年就处理了约1 366 t废金属。

根据欧共体资料显示,法国目前污染混凝土的产生量大约在7 000 t左右。对于法国,随着核设施的退役工作的不断展开,大多数污染混凝土废物将在2040年产生,峰值集中在2041年。预计2041年法国将产生污染混凝土16 000 t。核设施在退役过程中产生的污染混凝土的数量是巨大的,仅仅一个普通的气体石墨堆退役,就产生混凝土达1 500 t。

5.3.2.1 废物最小化的策略

从新型后处理厂(法国La Hague场址的UP3和UP2-800)设计的前期,采用一些创新设计理念作为废物最小化政策的一部分。

UP3建设前采用了一些改进的设计方案:

(1) 为了满足铀钚产品的指标和废物整备的要求,采用综合的化学工艺流程。

(2) 所有废物的在线整备。

(3) 严格对工作人员的职业照射水平和工厂流出物进行监测。

(4) 提高生产设备的可靠性和利用率。

5.3.2.2　废物最小化的技术

UP3 后处理厂的化学工艺流程是综合性的系统。在第一萃取循环，通过提高主要裂片产物的萃取效率和实施氚截留装置，来实现 β-γ 放射性的包容。类似地，从纯化循环出来的含酸溶液(主要是萃余液)，被送到低氚区酸回收单元，对回收的硝酸再循环使用。碱性废液被收集后，进行蒸发浓缩，浓缩液送到玻璃固化单元，如图 1 所示。

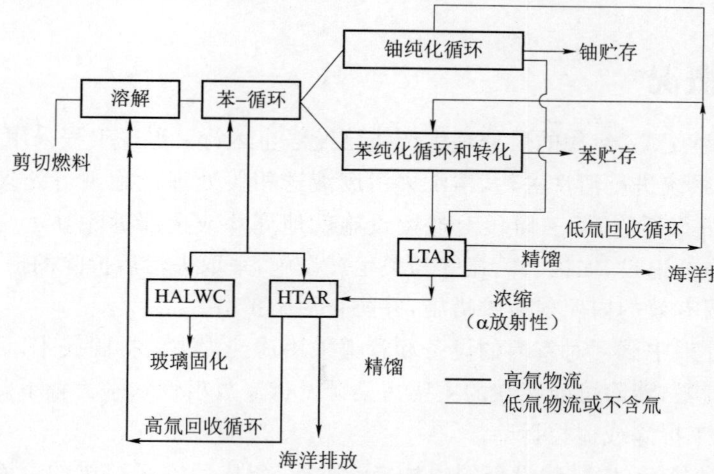

图 1　UP3 酸流向和回收简化流程图

HALWC—高放废液浓缩单元；LTAR—低氚酸回收单元；HTAR—高氚酸回收单元

在有机溶剂管理系统中最重要的新单元是溶剂精馏单元(图 2)。为了确保工艺的最优

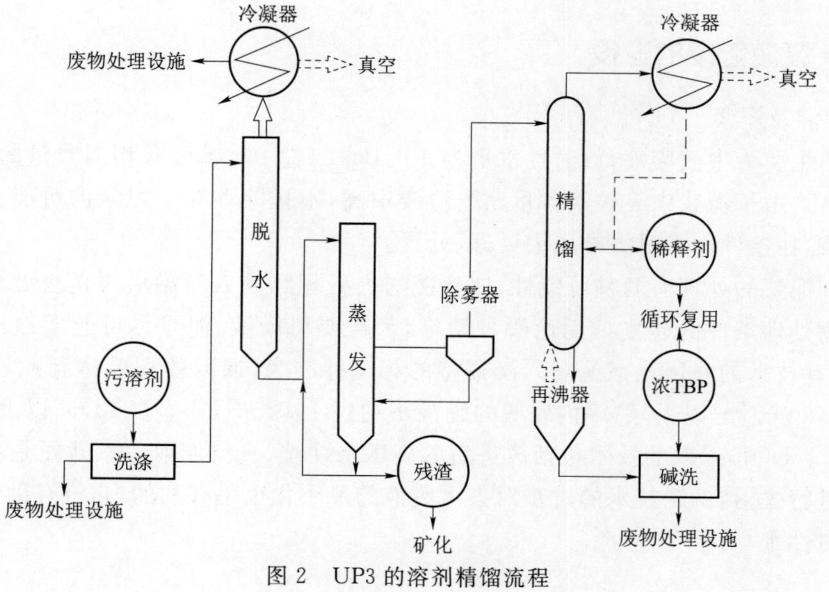

图 2　UP3 的溶剂精馏流程

化运行，使用纯稀释剂洗涤萃取循环中的液相物流，以除去其中的 TBP。在洗涤操作之后，稀释剂的量很少，为了避免对这些稀释剂进行特殊的处理，稀释剂被全部加入到萃取操作中相应的溶剂物流中，结果使有机相的滞留量增加，并且使 TBP 的含量下降。因此，有必要调整有机相中的 TBP 浓度，同时，也有必要从每个萃取循环排出多余的有机相，并在有机废物处理设施中的薄膜蒸发器中通过精馏处理，以回收纯稀释剂和浓 TBP，再进行重复利用。另外，由于有机溶剂中的降解产物有可能与某些放射性核素生成稳定的化合物，因此，需要用溶剂精馏的方法，除去废有机溶剂中的降解产物，使其得以净化。

5.4　中国

5.4.1　退役概况

我国建于 20 世纪 60 年代的后处理生产线已经停止运行。退役工程采用分阶段的技术路线，第一阶段对系统进行清洗去污，清洗去污废液送相关处理设施进行处理；第二阶段对局部设备及系统进行拆除；第三阶段对遗留设施就地埋葬或全部拆除外运，并完成场址清理。其他生产设施的退役，如铀、钚、氚等相关生产设施，采取去污后拆除的退役路线。钚生产设施退役须采取有效的内照射防护措施，并防止污染扩散。

我国军用后处理中试厂对室内的设备和管道采用遥控为主的拆除技术。对其中 α 污染严重的设施搭建气帐，清除可能存在的主要污染源。待 α 放射性水平大幅下降后，视外照射剂量水平，采用人工拆除或遥控拆除。

2008 年汶川地震后，安排建设新的中放废液贮罐，建成后罐区存放的废液可被倒出，该罐区即可退役，规划退役时间为 2015—2020 年。预期的退役终态为，对所有系统进行去污、拆除后，拆除建/构筑物，完成场地整治。

5.4.2　退役废物最小化实践

5.4.2.1　废液贮罐的退役

（1）废液及泥浆

贮罐内主要为中放废液，放射性水平为 10^8 Bq/L（总 β），罐底有相当数量的泥浆，放射性水平较高。由于泥浆中 α 核素含量比上清液中高，不排除存在 α 泥浆的可能。存放中的废液及泥浆，在条件许可时将被送去处理、处置。

废液和泥浆的处理有两种可能性，即直接送去处理和倒入新罐后再送去处理。这决定于相关废物处理条件的建立。无论哪种情形，都需要将废液、泥浆尽可能多地从贮罐中倒出，我国现有技术的残留比率偏高。汉福特的相应标准为，回取体积要达到贮容积的 99% 以上，大型（2 000 m^3 以上）贮罐内残留的废液不超过 10.2 m^3，小型（200 m^3 以上）贮罐不超过 0.85 m^3。DOE 采取的技术包括改进后的高压水冲洗、真空回取等。即便是考虑对倒空后的贮罐进行去污，倒罐技术的进步对去污废液的最小化也是有利的，它将有助于降低去污废液的放射性水平。

（2）污染金属

贮罐由罐体和各部位加强结构钢（碳钢）组成，从废液和泥浆的放射性水平看，其污染水平不会太低，可视为低、中放废物。其他的污染金属，还包括管道、泵等贮罐的附属设备，其污染程度与罐体相当。

从现有技术来看，去污后罐体的放射性水平为 10^5～10^6 Bq/kg，可送至已建成的废物处理设施进行处理，其中的相当部分可以解控。罐区内污染金属超过 1 000 t，除解控部分外，还应积极寻求内部回用，尽可能减少最终的处置量。

（3）污染混凝土

可能受到污染的混凝土，包括作为贮罐和管沟封闭结构的混凝土，以及罐区附属建筑物，乃至防渗幕墙中的混凝土。从现有调查数据看，受污染的混凝土应是局部的，污染水平不会太高，由于混凝土的良好吸附能力，故不排除热点的存在。

是否将污染的混凝土作为废物处理、处置，既取决于其污染水平，也与退役目标及方案有关。如考虑对一定污染水平之上的混凝土作清除处理，则将产生一定数量的混凝土废物，其废物最小化与源项调查和清除技术的水平有直接关系。对清除边界的判定，存在一个代价利益分析的问题，需要有方法的支持。使用切割或局部剥离等技术手段，在拆毁的同时完成废物分类，对废物最小化是有益的。

（4）污染土壤

基于地下水监测的结果，预示着土壤已经受到了一定程度的污染，应该在低放水平，也不排除存在中放废物的可能。

从现有技术来看，一旦将受污染的土壤清除出来，其后续的最小化空间可能是有限的，如需固化或固定还会增容。倘若能够尽可能精确地划定清除边界，而不是做过于偏保守的处理，对清除出来的废物量的控制很有好处。清除可能会产生相当数量的极低放废物，可能的话应基于细致的源项调查工作在污染现场划界后分别清除，而不是回取后再分类，此方式对废物最小化是有利的。

（5）二次废物

以贮罐去污中产生的废物为主，其放射性水平和数量与所采用的去污技术密切相关。由于中放废液贮罐体积均在数百立方米，其最小化的空间较大。

由于贮罐已超期服役多年，内壁上原有的涂层或碳钢本身可能已经受到腐蚀，泥浆或有机相的粘附也不可避免。因此，贮罐的去污可能并不能完全依赖某一种技术，也需要对去污做代价—利益分析。

如上所述，该类型废物的最小化主要取决于去污的技术能力。喷淋去污技术有一定优势；高压水去污可能在对废液体积的控制上还不能令人满意，但由于泥浆易为水冲刷而被去除，且作业过程中不引入额外的化学成分，后续废液处理可通过蒸发大幅度减容，总体而言对废物最小化是有益的，对二次废液的重复利用也值得关注；采用机械方法进行去污，对于已经板结在罐底或罐壁的泥浆以及碳钢表面的涂层或锈层是有用的，因其不引入其他物质、物相，也是一种最小化的途径，但需要远距离作业技术的支持才能实现；借助于适宜的远距离作业手段，去污凝胶也是一种不错的选择，可辅之以高压水冲洗或直接收集干燥后的涂层；去污泡沫等新技术也不失为一种可选择的方案，但在大体积的贮罐上进行应用，可能需要开展一些必要的科研工作。

5.4.2.2 去污技术

后处理生产线由于主工艺系统和辅助系统的材质、体积、结构形式、污染程度、污染类型等差异较大，所以采用不同的去污流程、去污方法和去污试剂，尽可能提高去污效果，避免交叉污染，减少退役废物的产生量。一般采用浸泡、蒸煮、搅拌流动循环为主，局部屏蔽、蒸汽吹洗、个别部位擦洗为辅的去污方法。

(1) 系统酸碱去污

某厂后处理主工艺系统萃取槽设备的清洗主要采用了5%～30% HNO_3和10%～20% NaOH清洗液。开始时采用80 ℃恒温酸浸泡和酸碱交替浸泡，通过剂量率测得去污系数为5～6。之后用酒石酸钠浸泡，去污系数达4。随后用Ⅱ号解吸液（3% HNO_3＋0.2% $H_2C_2O_4$＋0.1% HF溶液）浸泡，去污系数达2。然后又用10% NaOH和30% HNO_3，20% NaOH和30% HNO_3清洗液交替循环，各1个循环，去污系数为2～3。最后用20% NaOH浸泡和30% HNO_3浸泡，去污系数为2。采用上述过程清洗去污1A槽，去污前后设备室剂量率从5.8×10^3 mSv/h降到6.5 mSv/h。去污过程耗时近2个月，消耗试剂96 m^3。在清洗高放废液蒸发器的时候，采用了5%～10% NaOH＋3% $KMnO_4$碱性去污液和5%～10% HNO_3＋3% $H_2C_2O_4$酸性去污液交替蒸洗和浸泡的方法，后期还对个别部位使用10%～15% HNO_3＋2% NaF去污液，去污前后设备室剂量率从3.6×10^3 mSv/h降到1.1～1.4 mSv/h。去污过程共耗时39 d，消耗酸性解吸液53 m^3，碱性解吸液33 m^3。

另某厂后处理主工艺系统的清洗系统还开展了“α表面污染的去除”，采用硝酸高锰酸钾—草酸二步法和碱性高锰酸钾—草酸二步法，配合科研院所的去污科研，进行过后处理不锈钢设备FL-AP高效去污剂、含四价铈去污剂的现场验证工作。

(2) 钚线设备去污

早期，钚线去污特别注意了对金属钚的回收及防止α污染扩散。清洗时，采用5%～20%的$(NH_4)_2CO_3$，清洗液在处理后可直接沉淀回收钚。去污时，用10%～30% HNO_3和5%～20% NaOH清洗液，利用原工艺系统洗涤流程进行串洗。还采用过1%EDTA＋3.5% $H_2C_2O_4$＋10%～30% HNO_3溶液和5%～20% NaOH＋1% $KMnO_4$＋10% HNO_3溶液串洗。

(3) 设备外表面去污

后处理设施去污还经常使用固体碳酸钠和石油磺酸等去污剂。钚线地面、墙面、设备外表面、流线壁龛、仪表托盘用EDTA＋$H_2C_2O_4$＋$KMnO_4$擦拭，碳酸钠主要用于清洗后期设备室覆面、地面、设备外表面以及安装厅被污染的仪表盘、流线壁龛阀座、计量泵托盘等，对油腻性污染去污有较好的效果。石油磺酸对不锈钢表面擦拭也有较好的去污效果。

(4) 可剥离膜去污

可剥离膜去污是20世纪80年代发展起来的一种去污技术，某厂开展了喷涂可剥离膜去除α污染的试验。

可剥离膜的主要成分是带有多种官能团的高分子化合物。成膜前是一种高分子水溶液或水分散性乳液，用喷涂或刷涂的方法将其涂于待去污表面，经干燥成膜。成膜过程中，官能团以及其中的络合剂与核素作用，使其从去污对象表面进入膜中，达到去污目的。初步试验结果表明，去污效果与基体材料表面状况关系很大，表面越光滑去污效果越好。对不锈钢表面的去污效果高于石油磺酸去污和高压水冲洗去污，对碳钢表面的去污效果稍低于高压水冲洗去污。

(5) 金属表面喷砂去污

金属表面喷砂去污技术是通过高速气体载带，将石英砂高速喷射到污染物件的表面，利用高速砂粒具有的冲击作用将物件表层剥离下来，从而达到对污染金属的去污。该去污技术具有操作可靠、处理效率高、比较高压水喷射产生的二次废物少、而且废物易处理的优点。在某厂后处理工艺厂房手套箱附近开展验证试验，采用四种磨料对三种材质的工件进行喷砂去污操作。四种磨料包括 46 号刚玉、80 号刚玉、20～40 号石英砂、0.2 mm 钢珠，三种工件包括生锈碳钢、不锈钢、涂漆碳钢面。去污系数为 10～100，磨料再利用率 80%。

(6) 墙面地面剥离机

对地面墙面去污经常采用机械剥离的方法。中国辐射防护研究院研制了几种机具，包括手持式气动研磨机具、推车式电动机具、手持式气动琢磨机具、推车式气动琢磨机具，并进行了验证试验。对水泥砂表面、混凝土表面、水磨石表面、油漆表面及石灰砂浆表面的去污效果为，一次作业的剥离深度为 2～3 mm，工作效率为 10 m^2/h。研制的去污机具和配套的真空集尘装置净化效率为 99.9%，过滤粒径 0.5 μm～1 cm。去污机具的研磨头寿命达 80 h 以上。

近年来，在两厂的退役项目中，拟选用市场上从国外引进的墙面地面剥离工具，可配备吸尘设备和 HEPA 高效过滤器，以控制剥离过程中放射性气溶胶的扩散。该工具的剥离效率为 0.2 m^2/min，深度为 1 mm。

5.4.2.3　拆除技术

退役工程进展最快的是某厂军用后处理主工艺生产线的退役，完成第一阶段清洗去污后，开展了第二阶段退役局部拆除工作。目前，已将厂房内的非放系统拆除，正在实施对 α 污染严重系统设备的拆除。

军用后处理厂生产线拆除过程中，采用具有移动、升降、转向功能机架的液压压剪机剪切管道。液压压剪机由油压系统、油缸和压力头组成，液压压剪机把管道先压扁后切断，管道被切断时切口两端被封死，防止管内污物外溢，防止相通设备的气体溢出。

军用后处理厂非放系统的拆除主要由人工直接拆除。拆除人员手握拆除工具完成拆除工作，拆除工具有扳手、锯、液压剪、等离子切割、气割、往复锯、角磨机等。

由于考虑到退役工程半远距离拆除和远距离遥控拆除在后续退役工作中的需求，在拆除非放射性设备时，安排了对上述设备的验证工作，包括：具有移动、升降、转向功能机架的液压压剪机剪切管道、自动行走机构握等离子切割炬切割、解体设备、工业机器人握等离子切割炬切割、解体设备。

5.5　小结

对后处理设施的退役，英、美、法等国采取的退役策略基本一致。在废物最小化方面都做了一些努力和实践，并取得了一些废物最小化的成绩和实践经验，值得借鉴。

从我国两厂的退役实践来看，退役实施过程对退役去污或切割技术关注较多，而退役废物最小化的实现与设计水平和良好的作业行为却关注不够。同时，应鼓励作业人员就废物最小化进行信息反馈和技术交流，对退役物料和废物进行全过程动态跟踪，对废物最小化工作进行检查和监督，了解现场作业过程中遇到的问题和障碍，以及时修订相关设计，改进或提升退役废物最小化作业的水平。

第6章　结论及建议

6.1　结论

6.1.1　法规体系

国际上，美、英、法等国核设施退役的法律、行政法规、导则及标准完善且成体系化，生产堆和后处理设施退役废物最小化的要求明确，且下层执行文件具体化、考核要求及指标明确，具有可执行性和有效的管理机制。

在我国，有关放射性污染防治和废物管理的规定和要求，虽然从法律层面、行政法规、部门规章及相关导则等均有规定，构建了基本的法规框架，明确了减少放射性污染和废物产生量（包括体积和总活度）最小化的要求，但在上位法中没有明确提出核设施应从设计、建造、运行等全寿期考虑退役及放射性废物最小化要求，同时针对生产堆和后处理退役及放射性废物最小化的法规导则应加快制定，具体的核设施退役废物最小化的标准或执行文件、安全要求和评价方法等待系统化和进一步完善。针对具体的生产堆和后处理退役工程的实施，应制定和落实放射性废物最小化的具体目标，建立废物最小化策略和措施的评估、核准方法，并加强对废物最小化目标、策略、措施、结果的考核评定。

6.1.2　退役策略

（1）生产堆

国际上，英、美、法等国生产堆堆型不尽相同、政策法规各异，退役策略也有所差异。生产堆退役策略的制定，影响因素较多。实践表明，随着核设施退役工程实施经验的积累与反馈，以及先进技术的发展和成熟可靠技术的广泛应用，生产堆退役策略随时间的推移有一定的变化或调整。早期阶段，考虑到经济、技术等诸多方面的因素，美、英、法等国家生产堆的退役策略倾向于延缓拆除，即拆除或移走堆芯前均有一定时间的封存期。近年来，美、英、法等及其他多数国家，对生产堆退役策略倾向于或调整为立即拆除。退役工程实践表明，封存或延缓拆除不但未能节省资金，反而带来有经验人员流失等诸多问题。同时，缩短封存期，可以减少封存监护过程中产生的废物量，为良好实践退役废物最小化的措施之一。

在我国，反应堆类型基本相同，均为20世纪60年代建造、80年代先后关停。但所处地域不同，自然环境和场址特征差别显著。早期，可借鉴的退役经验不足，受经济和技术等因素的制约，在当时国际形势和国家政策指引下，针对已关停的生产堆采取了分阶段的退役思路，即清理废物、拆除生物屏蔽外的工艺系统、堆芯就地封存100年后拆除堆芯。从现阶段来看，早期制定的反应堆的退役安排基本符合实际情况，具有合理性；但受2008年汶川大地震等的影响，结合国际退役实践的发展和经济技术条件的改善，我国反应堆原有退役工程安排应适时开展进一步论证，最终实现堆本体退役策略或方案的优化，最大限度地保证安全，减少退役对环境和公众的影响，降低废物产生量。

（2）后处理设施

国际上，英、美、法等国针对后处理设施采取的退役策略基本一致，即立即拆除。后处理设施，其污染的主要核素是铀、钚、镎和长寿命裂变产物，延缓几年、几十年拆除，对降低工作人员受照剂量来说，受益不大。在某些情况下，延缓拆除还会由钚-241 的 β 衰变产生的镅-241 的积累，导致辐射水平升高，增加工作人员的受照剂量，增加了退役实施的难度，不利于废物最小化实践。

在我国，针对后处理设施退役策略制定采取国际上通常的做法，在结合国内实际情况的基础上，分步骤拆除。如对后处理设施的设备、管道采用遥控为主的拆除技术；对其中 α 污染严重的设施，采取搭建气帐，系统去污，清除可能存在的主要污染源，待 α 放射性水平大幅下降后，视外照射剂量水平采用人工拆除或遥控拆除。

6.1.3 退役废物最小化实践

国际上，美国将废物最小化评价方法在 DOE 和汉福特场址退役中得到广泛的应用，取得了诸多废物最小化经验，具有示范性。英国在后处理设施退役中，提出整体的废物管理策略、建立废物最小化的目标、确立废物最小化途经、采取 WMH 方法学评价废物最小化绩效等良好实践，达到了预期效果。法国在减少后处理厂废物产生和放射性污染金属再循环再利用方面，具有良好的实践和示范意义。

我国在核设施（反应堆和后处理）退役实践中，不乏对废物最小化的积极探索，也积累了一定的经验、教训，但带有零散性、自发性等特点，缺乏系统的、规范化的考虑。

6.2 建议

6.2.1 完善法规体系

实践表明，将核设施退役工程实施中的废物最小化经验反馈到新核设施的设计、建造和运行中，是核设施退役废物最小化的有效措施之一。为此，有必要在法律法规中进一步明确从核设施设计、建造阶段考虑退役及废物最小化，从源头上制定有利于实现核设施退役废物最小化的措施和手段。当前，在核能、核安全和放射性污染防治方面，我国只有 2006 年颁布的《放射性污染防治法》，作为放射性污染防治的最高法（上位法），其仅从污染防治角度规定了减少放射性废物的产生量。基于此，我国应加快制定并颁布实施《核安全法》或/和《原子能法》，且在相关条款中明确规定核设施应从设计、建造、调试、运行等全寿期考虑退役及放射性废物最小化要求，即在上位法中明确规定从设计上就应为核设施退役及放射性废物最小化做好准备，在不影响设施运行及安全的前提下，为核设施退役提供便利、减少污染，最终实施核设施退役废物最小化的目标。完成《核安全法》或/和《原子能法》制定，也是我国核领域法规体系完善需要开展的必要工作之一。

同时，在行政法规层面，国际能子能机构（IAEA）2014 年发布了通用安全要求第六部分——《核设施退役》，对核设施退役及退役废物最小化提出了通用安全要求；且在此基础上，IAEA 正在修订相关退役导则。当前，我国在核与辐射安全法规层面缺少核设施退役的相关规定，为此，有必要加快完成《退役安全规定》并颁布实施，以完善现有法规体系。在此基础上，分别制定《反应堆退役的安全导则》和《后处理设施退役的安全导则》等，并在导则中具体化退役废物最小化的要求；或者制定更具有针对性的《核设施退役废物最小化导则》和《核设施退役废物最小化评价手册》，在导则和手册中明确具体要求、最小化目标、相关技术选择及评价方法、管理措施和考核指标等内容。

法律法规的制定、修订和框架体系的完善，应结合我国国情，在充分借鉴国外核设施退役废物最小化的良好实践基础上，将退役废物最小化理念贯穿于核设施的整个生命周期之中。

6.2.2　深入论证退役策略

近年，美、英等国结合本国实际情况和国际退役工程的实践经验，针对其早期制定的生产堆退役策略进行了调整或优化，值得借鉴参考。当前，针对生产堆的退役，国际上也普遍经历了从延缓拆除到立即拆除的过渡。美、英等核大国，在结合本国情况的基础上，朝着尽量缩短封存期或努力实现立即拆除方向发展，以最大限度地保证退役责任不转移到后代，减少对环境和公众影响，降低废物产生量。

随着国际上生产堆退役工程良好实践的发展，我国应结合已关停反应堆所处区域、场址特征、人口和自然环境等现状，适时针对早期制定的反应堆退役策略（安排）开展深入论证。如开展进一步的源项调查、分析比对计算及拆除方案研究等，努力实现退役安排的优化或调整，制定更为合理、切合实际的退役策略，尽量缩短封存时间，加快退役工程实施进度，尽快完成拆除作业等，以降低潜在风险，减少废物产生量。

针对地处西北的反应堆，由于西北的气候干燥、人口密度小等因素，考虑到我国的退役技术（特别是拆除技术）现状，建议采取类似美国汉福特生产堆的退役策略，将生产堆安全封存一定时期后，尽快实施堆本体的拆除。

针对地处西南的反应堆，因地处多雨地带，人口密度较大，且位于我国主要河流长江的上游，风险性高；同时，受地震影响，形势紧迫，存在安全隐患。鉴于此，可考虑借鉴英国 NII 对 Windscale 的 1 号堆策略：在条件具备的情况下，最大限度地缩短封存期，加快退役进程，以降低风险；或在条件具备的情况下，努力实现立即拆除的退役策略，彻底消除其风险。

对于我国后处理设施的退役，建议采取分步骤立即拆除的退役策略，可减少由于延缓退役造成原有辅助设备老化等现象的发生，从而导致退役废物量的增加，不利于退役废物最小化实践。由于我国后处理设施中存在一定数量的废液罐，贮存的废液水平较高、贮存时间长，其退役涉及废液处理和罐体退役及周围环境整治等问题。因此，对后处理设施的退役，建议可采取先行倒出废液与泥浆的策略，尽快实现废液固化和泥浆处理，在完成罐体初步去污后，通盘考虑贮罐、配套设施的拆除和周边污染环境的整治。

6.2.3　加强技术研发

（1）针对新建设核设施，应在设计阶段考虑便于退役及退役废物最小化要求，即将便于退役、减少污染和废物最小化原则，贯穿到生产堆和后处理设施的设计、建造、运行和退役的每个阶段。

(2) 对于老旧核设施的退役，从源项调查、设计、去污、拆除、处置等环节控制废物产生、分类、管理，达到优化的最小量管理水平；并开展退役中废物最小化的技术研究、开发和推广应用，以及做好其他废物最小化的经济、技术政策等工作。

(3) 加强退役和废物管理中先进技术的研发与验证，以促进去污、设备拆除、退役废物的降级、解控或再循环再利用等。如可实现严重污染金属废物（α废物）的降级或解控的Ce(Ⅳ)/HNO_3去污技术、氧化凝胶去污技术的工程验证和应用；开展金属类废物熔炼去污技术的应用与验证，以实现金属锭的解控或再循环再利用。

(4) 加快后处理设施中废液贮罐废物回取技术验证，借鉴美、英等国在大型贮罐退役方面的经验，验证回取技术和相关措施等的有效性，制定适应我国废液贮罐退役及环境整治方案。

(5) 借鉴法、英等国的成功经验，开展特种废物处理、处置技术的研发，如石墨套管外表面切削去污技术、污染层粉碎技术、超临界水处理高放有机废液处理技术等。

(6) 对于生产堆和后处理退役产生的一些不适宜近地表处置的废物，如含有^{14}C、^{63}Ni类废物和α活度浓度较高的中低放废物等，应尽快开展中等深度处置的建设，如场址调查、工程概念设计、评价方法研究等。

参 考 文 献

[1] 孙东辉，邓国清，李思凡，等(译).IAEA 技术报告丛书第 386 号，非反应堆核设施的退役．核科学技术情报研究所，2001.

[2] Interstate Technology & Regulatory Council（ITRC），Radionuclides Team. Decontamination and Decommissioning of Radiologically Contaminated Facilities. RAD-5. 2008.

[3] 清华大学工程物理系 250 教研组．辐照核燃料后处理，1977.

[4] 姜圣阶，任凤仪，等．核燃料后处理工学．北京：原子能出版社，1995.

[5] IAEA-WMDB-ST-1. 放射性废物管理现状和趋势．

[6] Andra，ASN，CEA，IRSN. Radioactive waste management programmes in OECD/NEA member countries：France，March 2012，downloaded from OECD/NEA website.

[7] Radioactive waste management and decommissioning in France，March 2012.

[8] ASN. Annual Report 2011.

[9] OECD/NEA. Regulating the Decommissioning of Nuclear Facilities：Relevant Issues and Emerging Practices，NEA No. 6401，OECD 2008.

[10] OECD/NEA. Release of Radioactive Materials and Buildings from Regulatory Control：A status Report，NEA No. 6403. 2008.

[11] Thomas W. Ferns，HCP EIS Document Manager. Final Hanford Comprehensive Land-Use Plan Environmental Impact Statement（HCP EIS），Hanford Site，Richland，Washington.

[12] DOE. Waste Minimization/Pollution Prevention Crosscut Plan，U.S. Department of Energy，Washington，D.C. 1994a.

[13] UKAEA's. Strategy for the decommissioning of its nuclear licensed sites：A review by NII. 2002.

[14] Christophe Behar. Innovative R&D in nuclear decommissioning in European forum for science & industry，Round table on scientific support for nuclear decommissioning. 2012.

[15] World nuclear association. Decommissioning nuclear facilities. 2012.

[16] CEA. Marcoule：G1，G2 and G3 reactors for plutonium production. 2009.

[17] France TNP，Dismantling the fissile material production facilities for nuclear weapons. 2010.

[18] CEA. Marcoule：dismantling the G1，G2 and G3 reactors. 2009.

[19] NEA. Radioactive waste management committee, 2011, The NEA co-operative programme on decommissioning twenty-five years of progress: the last five years-2006 through 2010, NEA/RWM/R(2011)3.

[20] Davies M W, Stoor P J G, et al. A review of the situation of decommissioning of nuclear installations in Europe, Report EUR 17622.

[21] www. industcards. com/nuclear-france. htm.

[22] World nuclear association. Decommissioning nuclear facilities. 2012.

[23] NDA. Sellafield Integrated Waste Strategy-2009 Report.

[24] NDA. Sellafield Integrated Waste Strategy-2007 Report.

附录　缩略词索引

ACM	含有石棉的材料
ACS	石棉转化系统
AEC	美国原子能委员会
ALARA	辐射防护最优化
ASN	法国核安全管理局
BNFL	英国核燃料有限公司
BPEO	最可行的环境选择
BPM	最可行的方法
CA	代价分析
CAA	美国清洁空气法
CEA	法国原子能委员会
CERCLA	美国综合环境反应、赔偿与责任法
CWA	美国清洁水法
DOE	美国能源部
DSRP	场址整治项目
DST	双层贮罐
EA	环境评估
ECY	华盛顿州环保局
EDF	法国电力公司
EE	工程评估
EIADR	退役的环境影响评价规程
EPA	美国环保署
EPACT	美国能源政策法
EPCRA	美国应急计划和社区知情权法
ERDF	环境恢复处置设施
FFCA	美国联邦设施协调法案
GLEEP	英国第一座石墨堆
HEPA	高效过滤器
HSE	英国健康安全委员会
IAEA	国际原子能机构
ILW	中放废物
INB	基础核设施(法国)

LLW	低放废物
LP&LS	遗留水池和遗留地窖
LTP	使用期限计划
NDA	英国核设施退役管理局
NII	英国核设施稽查团
NRC	美国核管会
OES	一种模拟流出物排放剂量的分析方法
ORP	水资源保护办公室
PCM	钚污染材料
PFP	钚终端厂(美国)
PIG	管道疏通技术
PPA	美国污染防治法
PPOA	废物最小化评价
PUREX	钚铀萃取
RCRA	美国资源保护与回收法
ROD	环境影响评价决议
SEPA	苏格兰环保局
SIXEP	离子交换厂
SMP	塞拉菲尔德混合氧化物车间
SPI	后处理厂模拟
SSE	贮存围栏屋顶
SST	单层贮罐
TBP	磷酸三丁酯
TRA	美国税务改革法
TRU	超铀废物
TSCA	美国毒性物质控制法
UKAEA	英国原子能管理局
VAT	乙烯基石棉瓦
WEP	废物包装厂
WHC	最小化政策(美国)
WMH	废物管理层次结构
WVP	玻璃固化厂